国家科学技术学术著作出版基金资助出版

国家"863"计划课题"水稻氮素营养光谱诊断实用化关键技术研究"（课题编号：2007AA10Z205）项目资助

高光谱技术
在水稻氮素营养诊断中的
应用研究

张金恒　唐延林　著

中国农业出版社

内 容 简 介

　　本书作者结合所在课题组多年从事水稻氮素营养高光谱研究的实践经验，系统地介绍了氮素的生理功能和水稻缺素病症、水稻氮素营养常规诊断方法、水稻氮素营养叶绿素仪诊断方法、水稻氮素营养高光谱诊断研究现状和主要理论依据、水稻高光谱数据分析技术和方法、高光谱参数及其提取方法。在此基础上，以较大篇幅介绍了主要高光谱变量和构建的植被指数、引进的方法及氮素营养预测回归模型等。最后介绍了用于水稻氮素营养快速诊断研究的仪器原理和方法。本书内容新颖，叙述深入浅出，可供从事植物营养和高光谱应用等学科领域的科研人员、大专院校师生阅读参考。

前　言

　　氮素对生态环境的影响是全球性和持续性的。随着社会经济的发展，氮素消耗量将不断增加，因此氮素循环与合理利用及氮素引发的环境问题已经引起各国政府和科学家的高度关注。氮素是植物生长需要的重要元素之一，植物对土壤中的有效氮吸收量是反映其生长状况的重要指标，也是改善植物生长发育的主要环境因素，氮素在植物体的各个器官之间的分配和循环对于植物的生长和生理活动具有重要的影响，尤其是对农作物的产量和品质有很大的影响。氮是水稻营养三要素中的主要营养元素，在作物生长发育中起到关键的作用，因此成为作物营养诊断和肥水管理决策的重点。

　　传统的水稻氮素营养诊断主要是采用植物组织的化学分析方法。其中主要有杜马氏法和凯氏定氮法，从采样到测试，需耗费大量的时间、人力和物力，结果不具有时效性，并且在很多情况下不具备这些试验条件。有些研究者探索野外无损诊断水稻氮素营养的方法。其中，肥料窗口法只能在土壤变异不显著的区域对下一次追肥作出判断，是一种经验定性诊断法。20 世纪 70 年代，日本研制出纸制水稻叶色卡和水稻标准叶色卡；90 年代，又根据均匀颜色空间及色差公式研制出水稻标准叶色卡。叶色卡法简单、方便，但是受到品种、植被密度以及导致土壤氮素状况和叶绿素含量变化等作物胁迫因素的影响，不能区分作物失绿的原因。日本又研制了测定叶片远红波段（650 nm）与近红外（940 nm）两个波段透射率的叶片光谱仪（叶绿素仪）。虽然叶绿素仪读数与水稻氮素营养之间具有相关性，但是读数受品种、生育期、环境条件、植株密度、营养状态和其他胁迫因素的影响很大，因此至今一直没能得到应用。

高光谱具有高分辨率、波段多、数据量丰富等特点，它的出现已使从光谱遥感数据中提取农学参数成为可能。植物叶片的光谱诊断原理是植物中某些化学组分分子结构中的化学键在一定辐射水平的照射下发生振动，引起某些波长的光谱发射和吸收产生差异，从而产生不同的光谱反射率，且该波长处光谱反射率的变化对该化学组分的多少非常敏感。因此，用高光谱数据能够估计叶片化学成分。已有不少研究通过地面干样本研磨粉末反射光谱和生化参数之间的多元线性回归分析成功地预测了植物叶片生化含量，在可见光和近红外光约有42个光谱吸收特征和叶片生化含量之间成功地建立了相关关系，这些生化参数包括氮素、蛋白质和木质素。但是这些基于干样本的光谱吸收特性和生化含量之间的关系模型并不能适时反映植物营养的变化。许多研究者曾经开展了基于鲜叶光谱评价水稻氮素含量的研究，有的研究找出了氮素营养影响水稻光谱特性的敏感波段、不同早稻品种的光谱特征及其与农学参数的相关性以及杂交稻与常规稻的光谱特征差异，建立光谱变量和水稻叶片及稻株含氮量之间的多种相关模式，证明了各种作物的氮素营养状况和特定波长的反射率之间存在相关性。并且许多研究表明，各种植被指数可以在一定程度上监测植物氮素丰缺。

前　言

　　《高光谱技术在水稻氮素营养诊断中的应用研究》是利用高光谱技术获取并定量解析水稻氮素营养的一种尝试，本书涉及的内容主要反映了著者承担的国家"863"计划课题"水稻氮素营养光谱诊断实用化关键技术研究"（2007AA10Z205）和2002年以来参加的国家自然科学基金项目（30070444、40271078、40171065）、国家"863"项目（2001AA115190－06）取得的部分成果。

　　对于参与本书中部分研究工作的研究者一并表示衷心感谢，主要有：浙江大学农业遥感与信息技术应用研究所王珂教授、黄敬峰教授、邓劲松博士，贵州大学理学院刘子恒研究生，青岛科技大学生态环境与农业信息化研究所韩超、许丽娟、于鑫、李俊以及李大鹏、吕永亮、姚振璇、朱宇硕等研究生，山东省水稻研究所马加清研究员、赵庆雷助理研究员等。另外，青岛市农业科学研究院张守才研究员，青岛农业大学刘树堂教授、李曰鹏研究生，青岛云聚山庄生态园有限公司崔学华、崔学品等同志为本书所涉及的试验也都付出了辛勤的劳动。

　　鉴于多方面的原因，特别是作者水平所限，本书无论在内容上、结构上或文字上都有不足和缺陷，还望广大读者给予指正和谅解。

张金恒

2012年5月

目　　录

上　篇

水稻氮素营养诊断概述

第1章 氮素营养的生理功能

水稻植株的含氮量一般为 $1\%\sim4\%$。茎叶含氮量为 $1\%\sim4\%$，穗的含氮量为 $1\%\sim3\%$。稻株的含氮量虽然并不很高，但是，氮素对水稻生长发育却有巨大的作用。氮是水稻营养的三要素之一，是水稻最必需的营养元素，氮素对氨基酸、蛋白质、核酸、叶绿素、酶的生物合成，对提高水稻的光合作用、增加同化产物，以及对水稻的生长发育和提高水稻的单位面积产量都是十分必要的（王永锐，1989）。

1.1 氮是合成氨基酸和蛋白质的重要成分

氮素是合成蛋白质的主要元素。水稻种子蛋白的含氮量为 16.8%。蛋白质经过无机酸或碱水解后产生构成蛋白质基本单位的氨基酸。植物蛋白质可分为种子蛋白和原生质蛋白两类。种子蛋白可分为各类种子的胚蛋白和双子叶植物子叶及胚乳中的贮藏蛋白。各类蛋白质的氨基酸成分不相同，但化学结构有一个共同特点，即在氨基酸分子中含有由羧基（—COOH）和氮素构成的氨基（—NH$_2$）。

1.2 氮素与酶

蛋白质所具有的水解作用、颜色反应等性质，酶都具有，因此，酶都是蛋白质。氮是蛋白质的成分，因此，氮也是酶的组成成分。水稻种子萌发时，淀粉酶分解淀粉成为糖，蛋白酶分解蛋白质成为氨基酸，脂肪酶分解脂肪成为脂肪酸和甘油。由于酶具有专一性（或称特异性），就使水稻体内的一系列化学反应有条不紊地迅速进行。

1.3 氮素与叶绿素及光合作用

从叶绿素 a 的分子式 $C_{55}H_{72}O_5N_4Mg$ 和叶绿素 b 的分子式 $C_{55}H_{70}O_6N_4Mg$ 看出，氮是叶绿素 a 和叶绿素 b 的组成成分。叶绿体中还含有胡萝卜素和叶黄素。叶绿素含量与蛋白质含量有着密切的关系。增施氮肥使水稻茎、叶器官蛋白质含量增多，叶片中叶绿素含量也增多，叶片的光合作用强度就提高。叶绿素尤其是叶绿素 a 是能够直接引起光合作用的主要色素，其他辅助色素，如叶绿素 b、胡萝卜素等所吸收的光能只有传递给叶绿素 a，才能进行光合作用。

1.4 氮素与糖类代谢

水稻根从土壤中吸收的铵与糖在水稻体内分解代谢过程中产生的丙酮酸、草酰乙酸和 α-酮戊二酸，经氨基化作用生成相应的丙氨酸、天门冬氨酸和谷氨酸。这些氨基酸是合成蛋白质的原料。因此，施用氮肥的数量会直接影响水稻植株的糖代谢和蛋白质代谢，从而影响到水稻植株的形态特征和抗性能力。增施氮肥，会促进蛋白质的合成代谢，提高植株蛋白质含量，同时加快糖的分解代谢，降低植株糖类含量。施氮量适当，既可能增加水稻植株的蛋白质含量，又可能提高糖类含量，使水稻植株生长良好，谷粒产量上升。

第 2 章　水稻氮素营养的变化规律

2.1　生育期氮素营养的变化规律

　　水稻对氮素营养的反应十分敏感。它的敏感程度可以从施肥后叶色变乌、分蘖增多、叶面积增大、茎叶繁茂、器官干物质增重、谷粒蛋白质含量和谷粒产量的提高等变化看到，尤其以叶色变化更为明显。冠层叶片全氮含量在移栽后 30 d（即无效分蘖期）出现明显的高峰，含氮量最高达到 4%～5%，随后一直是下降的（图 2-1）。这是由于分蘖期叶片生长旺盛，氮素营养主要供应叶片生长，在无效分蘖期进行"搁田"处理，限制分蘖，开始拔节。随着水稻生长进入孕穗期，施保促肥，氮素营养主要供应于穗的生长发育，因此冠层叶片氮素营养开始减少。随着穗的抽出，氮素营养主要向穗部转移，冠层叶片氮素营养继续下降，直到灌浆期。功能叶片全氮含量在移栽后 12 d 即有效分蘖期出现高峰，全氮含量达 4%～5%，随后下降。但是第一片完全展开叶在分蘖期全氮含量变化相对平缓，在无效分蘖期到孕穗期下降较为明显，随后在孕穗至灌浆期又出现下降较为平缓的趋势（图 2-2）。第三片完全展开叶全氮含量一直保持着相似的下降趋势（图 2-3）。这说明在孕穗开始，叶片氮素营养向穗部转移，特别是上位叶氮素营养迅速向上转移，导致在无效分蘖期到孕穗期第一片完全展开叶全氮含量下降较为明显。随后由于下位叶片氮素营养不断向上转移，导致上位叶片氮素含量在孕穗至灌浆期又出现下降较为平缓的现象（图 2-2）。

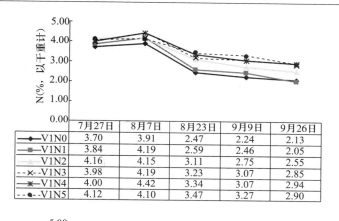

图 2-1　冠层叶片平均氮素含量

V1. 晚粳稻丙 9363　V2. 晚粳稻丙 9652　N0＝0　N1＝150 kg/hm² N

N2＝225 kg/hm² N　N3＝300 kg/hm² N　N4＝375 kg/hm² N　N5＝450 kg/hm² N

（引自张金恒，2004）

水稻植株含氮量、叶片含氮量高峰发生时期与施肥水平关系不明显，无论是高氮肥水平还是低氮肥水平甚至完全不施肥，水稻植株含氮、水稻叶片含氮高峰期的发生时间几乎是一致的，只有峰的高低有明显区别。会因为施肥量不同而每个生育期植株及叶片含氮量的差异很大，供氮水平高的植株和叶片中、后期含氮量仍比较高，供氮水平低的植株和叶片含氮量比较低，不供给氮的植株和叶片含氮量则更低。单纯从叶片的角度考察，无论是冠层叶片氮素含量还是第一片和第三片完全展开叶氮素含量在不同氮素水平之间变化趋势基本上是随着氮素水平的增加氮素含量增加（图 2 - 1 至图 2 - 3）。

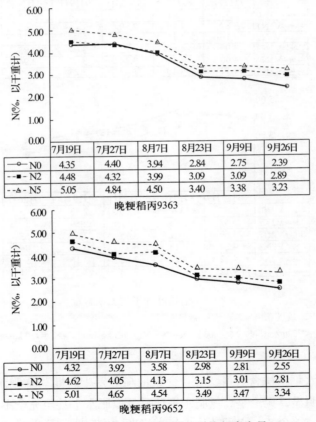

	7月19日	7月27日	8月7日	8月23日	9月9日	9月26日
—○— N0	4.35	4.40	3.94	2.84	2.75	2.39
- -■- - N2	4.48	4.32	3.99	3.09	3.09	2.89
- -△- - N5	5.05	4.84	4.50	3.40	3.38	3.23

晚粳稻丙9363

	7月19日	7月27日	8月7日	8月23日	9月9日	9月26日
—○— N0	4.32	3.92	3.58	2.98	2.81	2.55
- -■- - N2	4.62	4.05	4.13	3.15	3.01	2.81
- -△- - N5	5.01	4.65	4.54	3.49	3.47	3.34

晚粳稻丙9652

图 2 - 2　第一片完全展开叶平均氮素含量

N0＝0　N2＝225 kg/hm² N　N5＝450 kg/hm² N

（引自张金恒，2004）

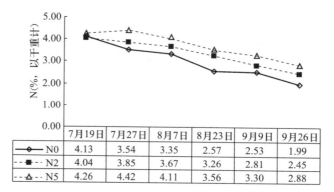

图 2-3 晚粳稻丙 9363 第三片完全展开叶平均氮素含量

N0＝0 N2＝225 kg/hm² N N5＝450 kg/hm² N

（引自张金恒，2004）

2.2 不同叶位之间水稻氮素营养运转规律

水稻光合作用的主要器官是叶片，通过叶片合成有机物质，生成干物质。水稻植株在特定的生长发育阶段由生理上不同年龄的叶片组成，叶片之间对植株生长发育的贡献是有区别的。第三片叶和第四片叶是上位叶之中发育完全的叶片，光合强度最高，并向低位叶输出同化产物，被称为生理活性中心。生长发育主要依靠上位叶。当下位叶死亡之后，新叶向上伸展，使生理活动中心随着生长发育的推进向上转移。单叶片之间的分工不固定，如果低位叶没有适当的功能或死亡，上位叶就可能提供同化物。

氮在水稻体内易发生转移。氮不足时，叶绿素合成受阻，老叶失绿发黄，导致全株色较淡。老叶中含氮化合物如蛋白质、叶绿素等分解受阻后的氮可转移到幼叶，在幼叶中合成新的含氮化合物，使缺氮症状从老叶开始并向上扩展，缺氮严重时下部老叶早衰、脱落。水稻缺氮时下部叶片氮素向上部叶片转运以及转运程度与缺氮成正相关。水稻刚开始缺氮时第三片完全展开叶与第一片完全展开叶的叶色相近，随着缺氮程度的提高，第三片完全展开叶的叶色与第一片完全展开叶的叶色相比越来越浅，严重缺氮时第三片完全展开叶的叶色明显淡于第一片完全展开叶，甚至变黄，这个营养机理及诊断方法适合不同品种、气候及生育期。

不同生育期水稻叶片全氮含量总体上随施氮水平逐渐呈增加趋势（图2-4和图2-5），但是在相近氮素水平之间会出现随氮素水平增加变化规律不明显的情况，如拔节期临稻11在N3和N4水平之间，圣稻13在N2、N3、N4水平之间，阳光200在N0和N1之间。然而^{15}N丰度均随施氮水平逐渐呈现明显增加的趋势，这种变化趋势主要反映出氮肥供应的状况。因此，只要氮肥水平存在显著差异，这种^{15}N丰度均随施氮水平逐渐呈现明显增加的趋势就会存在。

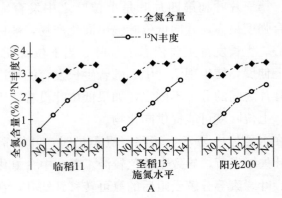

A

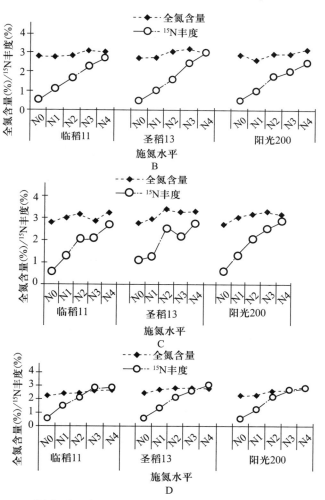

图2-4　不同水稻品种叶片全氮含量、^{15}N 丰度随不同施氮水平的变化

A. 拔节期　B. 孕穗期　C. 抽穗期　D. 灌浆期

N0＝0　N1＝45 kg/hm² (^{15}NH₂)₂CO　N2＝105 kg/hm² (^{15}NH₂)₂CO

N3＝165 kg/hm² (^{15}NH₂)₂CO　N4＝225 kg/hm² (^{15}NH₂)₂CO

(引自韩超等，2010)

以 3 个水稻品种临稻 11、圣稻 13 和阳光 200 为材料，通过盆栽试验研究全氮含量、^{15}N 丰度的变化以及与施氮水平之间的关系。结果表明，不同生育期水稻叶片全氮含量和 ^{15}N 丰度均随施氮水平逐渐增加。不同叶位氮素营养与施氮量的相关性表明，顶 1 叶全氮含量和施肥量仅在拔节期呈极显著相关性，但是 3 个叶位 ^{15}N 丰度在全生育期与施氮量均达到极显著相关（$P<0.01$）。因此，使用 ^{15}N 丰度比使用全氮能更加清晰明显地反映出氮素运转规律。

^{15}N 示踪表明拔节期低氮素水平下位叶 ^{15}N 丰度较上位叶高；在高氮素水平上位叶 ^{15}N 丰度增加；孕穗期上位叶的氮素开始转移到穗部，导致孕穗期上位叶的 ^{15}N 丰度明显小于下位叶；抽穗期和灌浆期由于氮素营养的运转，下叶位 ^{15}N 丰度明显小于上叶位。

^{15}N 示踪表明拔节期低氮素水平下（N1、N1 或 N2），从土壤肥料中吸收的氮素养分不足，优先贮存在下位叶，表现为下位叶 ^{15}N 丰度较上位叶高；在高氮素水平下（N3、N4），当下位叶来自土壤的养分贮存充足后，上位叶来自土壤的氮素增加。

进入孕穗期，由于穗的孕育使得上位叶的氮素开始转移到穗部，导致孕穗期上位叶的 ^{15}N 丰度明显小于下位叶；在抽穗期和灌浆期，由于穗的生长导致氮素营养由下位叶向上运转，导致下位叶的 ^{15}N 丰度明显小于上位叶。

考察盆栽条件下水稻氮素营养运转与土壤肥料供应水平之间的关系，全生育期不同土壤施氮处理，各层叶片 ^{15}N 丰度随土壤供氮水平增高而增加，但不同叶层间氮素的梯度相对稳定。

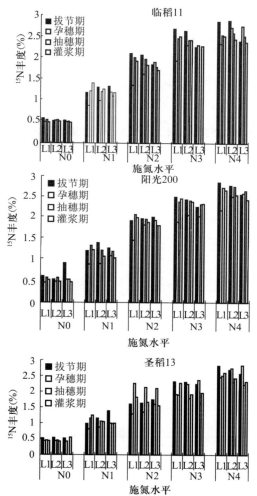

图 2-5 不同叶位、生育期、品种 ^{15}N 丰度

L1. 第一片完全展开叶 L2. 第二片完全展开叶 L3. 第三片完全展开叶

N0＝0 N1＝45 kg/hm^2(^{15}NH$_2$)$_2$CO N2＝105 kg/hm^2(^{15}NH$_2$)$_2$CO

N3＝165 kg/hm^2(^{15}NH$_2$)$_2$CO N4＝225 kg/hm^2(^{15}NH$_2$)$_2$CO

(引自韩超等，2010)

为了进一步考察不同层次叶片^{15}N丰度的垂直分布差异受土壤供氮水平的影响规律，将不同层次叶位^{15}N丰度进行多种组合（模式）：①上层；②中层；③下层；④中上层；⑤中下层；⑥上中下层，并分别与土壤供氮水平（氮肥施用量）进行相关分析（表2-1）。

表2-1　^{15}N丰度不同层次叶位组合模式与氮肥施用量之间相关性（$n=5$）

		模式1	模式2	模式3	模式4	模式5	模式6
		上层	中层	下层	中上层	中下层	上中下层
拔节期	临稻11	0.973**	0.974**	0.954*	0.975**	0.966**	0.970**
	圣稻13	0.999**	0.994**	0.970**	0.997**	0.985**	0.993**
	阳光200	0.990**	0.975**	0.979**	0.984**	0.981**	0.985**
孕穗期	临稻11	0.999**	0.997**	0.984**	0.998**	0.994**	0.996**
	圣稻13	0.999**	0.995**	0.997**	0.998**	0.997**	0.998**
	阳光200	0.992**	0.980**	0.972**	0.987**	0.977**	0.984**
抽穗期	临稻11	0.956*	0.966**	0.961**	0.961**	0.970**	0.966**
	圣稻13	0.899*	0.892*	0.940**	0.896*	0.882*	0.888*
	阳光200	0.969**	0.983**	0.986**	0.977**	0.985**	0.980**
灌浆期	临稻11	0.944*	0.957*	0.966**	0.951*	0.962**	0.956*
	圣稻13	0.976**	0.972**	0.994**	0.981**	0.990**	0.986**
	阳光200	0.970**	0.972**	0.969**	0.971**	0.970**	0.971**

^{15}N丰度不同层次叶位组合模式与氮肥施用量之间均显著相关。比较各模式在3个品种之间的平均值可知，拔节期和孕穗期相关系数（$r>0.97$）接近1，明显大于抽穗期和灌浆期。拔节期和孕穗期6个模式的相关系数变化规律相似，单层叶位之间相关系数为上层>中层>下层；组合叶位之间相关系数为中上层>上中下层>中下层（图2-6）。这

说明拔节期和孕穗期从土壤中吸收的氮素养分主要用于新生叶片或者穗的孕育。因此在拔节期和孕穗期上层叶片^{15}N 丰度受土壤氮肥供应水平的影响较其他层次的叶片大一些。

抽穗期和灌浆期 6 个模式的相关系数变化规律也相似，单层叶位之间相关系数为下层＞中层＞上层（图 2 - 6）；组合叶位之间相关系数中下层最大，中上层和上中下层相关系数接近。由于穗的生长导致上层叶位氮素营养不足，氮素营养由下层叶位向上层叶位运转较为明显，土壤养分补充下层叶位养分的不足。因此在抽穗期和灌浆期下层叶片^{15}N 丰度受土壤氮肥供应水平的影响较其他层次的叶片大。

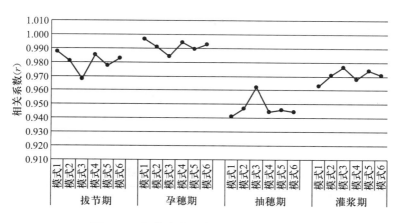

图 2 - 6 各模式在 3 个品种之间的平均值

第3章 水稻氮素营养的
常规诊断技术

3.1 化学诊断

水稻氮素营养化学诊断包括植株茎叶分析、组织液分析、酶学诊断以及土壤养分测定等方法。分析水稻氮素营养含量，与预先拟订的含量标准比较，或就正常与异常标本进行直接的比较而作出丰缺判断。

3.1.1 全氮诊断

在水稻化学诊断分析工作中，植株全氮诊断研究得最早、最充分，植株全氮含量可以很好地反映作物氮素营养状况，与作物产量也有很好的相关性，且全氮含量相对比较稳定，是一个很好的诊断指标。传统的全氮营养诊断方法主要是基于植物组织的实验室化学分析。主要的实验室化学分析方法有杜马斯燃烧定氮法，样品在 900～1 200℃高温下燃烧，燃烧过程中产生混合气体，其中的干扰成分被一系列适当的吸收剂所吸收，混合气体中的氮氧化物被全部还原成分子氮，随后氮的含量被热导检测器检测。另外一种方法是凯氏法（Kjeldahl），利用浓硫酸溶液将有机物中的氮分解出来。均匀的样品在沸腾的浓硫酸中作用，形成硫酸铵。加入过量的碱于硫酸消解液中，将 NH_4^+ 转变成 NH_3，然后蒸馏出 NH_3，用接受液吸收。通过测定接受液中氨离子的量来计算样品中氮的含量。

3.1.2　叶鞘淀粉碘试法诊断水稻氮素营养

从水稻体内淀粉含量的多少，可间接推断出水稻氮素营养水平。因为水稻在幼穗分化开始至幼穗发育第四期，稻株吸收的氮素与糖代谢产生的中间产物迅速形成氨基酸，或是再经变化形成酰胺。氮素吸收很多时，光合作用所形成的糖都被用于与氮结合成氨基酸和酰胺物质，多余的糖就比较少或者没有，因此积累的淀粉也就比较少或者没有。相反，氮素吸收得少时，稻株内淀粉便积累较多。试验证明，在这段期间内，叶鞘组织淀粉含量和叶鞘内含氮量之间呈明显的负相关，即氮多淀粉就少，氮少淀粉就多。测定其淀粉含量，就可以推测其氮素营养水平。

根据这个原理，利用淀粉与碘的呈色反应（灰紫色），测出叶鞘中累积淀粉这一部分叶鞘的长度，以判断水稻体内的氮素水平。测定方法：于晴天9:00~15:00，从田间选拔具有代表性的水稻植株20株，用清水洗净，剥削水稻顶端心叶下第二叶鞘，剪去叶片。按照叶鞘的各自长度，等分剪切为3段或6段（共60段或120段），放入碘试盒中，再倒入0.2%碘—碘化钾溶液（由1%碘—碘化钾溶液稀释），使叶鞘组织全部浸没于溶液中。加盖，摇动数次，静放2 h后，观察叶鞘转色状况。凡是整段叶鞘或叶鞘两端或叶鞘1/2段以上转为灰紫色的，作为有淀粉参加反应的叶鞘段统计，其数量用 A 表示；其转色长度不足1/2，或完全不转色的作为无淀粉参加反应的叶鞘段统计，其数量用 B 表示。另外，还会有部分染色不明显的过渡叶鞘段，如何处理这部分叶鞘段，对求得的氮素指标影响极大。根据实践经验，将过渡叶鞘段按染色深浅进行排序，进行仔细观察，将基本上呈现灰紫色的列入 A，基本上呈现青色的列入 B。最后根据下式求出氮素营养指标。氮素营养指标＝B/A。但是 B/A 值作为氮素营养诊断指标，一定要按水稻不同栽培法的不同生育期加以确定。另外还受气温与光照影响，一般在温高光足时，B/A 值的适宜范围（包括上限、最佳和下限）应偏高。这种现象越往水稻生育后期越偏高。

表 3-1　水稻氮素营养诊断（淀粉—碘试法）分级标准

(引自王人潮，1982)

方法	材料	生育期	指标	氮素营养水平分级				材料来源
				过量	正常	缺氮	严重缺氮	广东农林学院及广东师范学院
第一种染色法	心叶下第二鞘	穗分化前	A/B 值	0	0.2～0.35	0.35～0.5	>0.5	
	心叶下第二鞘	穗分化后	A/B 值	<0.35	<0.5	0.6～0.7	>0.7	
				高	正常	缺		中国科学院南京土壤研究所
	心叶下第二鞘	穗分化后	A/B 值	<1/3	1/2	>2/3		
				一类苗（高）	二类苗（中）	三类苗（低）		福建省农业科学院
	心叶下第二鞘	穗分化后	A/B 值	0.4～0.5	0.5～0.6	0.6～0.7		
第二种染色体	心叶下第二鞘	穗分化后	B/A 值	过多 >3	缺氮 0.2～0.5	严重缺氮 <0.2		浙江农业大学

注：第一种染色法，纵切叶鞘，染色 15～30 min。叶鞘遇碘染成蓝色部分的长度为 A，叶鞘全长为 B。

第二种染色法，叶鞘分为 6 段。染色 1～2 h。各段在一半长以上呈蓝紫色的，作为有淀粉反应（A），各段染色长度不足一半者，作为无淀粉反应（B）。

3.1.3　氨基氮总量法

水稻吸收的铵态氮在缩合成蛋白质之前，是以自由氨基酸和酰胺的形式存在的。它们的总量与当时的稻株氮素营养有关。根据水合茚三酮可与氨基酸和酰胺定量地发生显色反应，均可用氨基氮总量作为稻株含氮水平的诊断指标。测试部位为心叶下第二、第三、第四叶鞘，测试时期是分蘖期、幼穗分化期或减数分裂期。该法的分级标准如表 3-2。

表 3-2　水稻氮素营养诊断（氨基氮总量法）分级标准
（引自中国科学院南京土壤研究所营养诊断组，1977）

氮素营养水平	缺乏	低量	正常	充足	过剩
氨基氮含量（mg/kg）	100 左右	<150	150~200	>200	250

3.2　外观诊断

3.2.1　缺氮的形态特征

水稻缺氮，首先老叶开始发生均匀黄化，而后逐渐延及新叶，最后全株叶色黄绿；叶片变窄，出叶慢；分蘖少，株型直立，迟迟不能封行；细根和根毛发育差。到生育后期叶色更加枯黄，严重缺氮的水稻，甚至剑叶的叶尖也早枯，出现早衰现象；穗数和粒数减少，粒重也降低。由此可见，水稻缺氮减产的主要原因是叶面积和叶绿素减少，不能充分利用阳光进行光合作用以制造大量淀粉的缘故。

3.2.2　氮素过多的形态特征

水稻体内氮过多，则淀粉累积减少。从图 3-1 中可以看出，稻株体内的氮过多，则由光合作用合成的糖，经过呼吸作用，绝大部分转化为有机酸，该有机酸与铵态氮结合成氨基酸，形成蛋白质和酰胺。如果氮再多，不仅用去光合作用合成的糖，而且还要以茎叶中贮藏的淀粉作为糖的补给源，这样就减少水稻纤维素和细胞膜等的形成，使水稻植株茎叶柔嫩，暗绿，徒长。如果氮继续增多，超过了水稻对铵态氮转化为酰胺的能力，则有可能以游离态的铵态氮存在于稻株中，发生毒害。最突出的表现是叶片大而披，在叶片上常有大块坏死褐斑，水稻的抗逆性减弱，易遭病虫害、旱害、寒害、霜害和倒伏等导致减产。如果水稻体内氮素长期过多，还会由于水稻呼吸作用的增强，过多地消耗糖分，从而减少淀粉的积累。

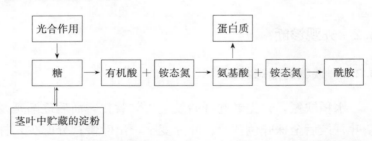

图 3-1　水稻茎叶中淀粉的积耗与稻株体内铵态氮的关系示意图
(引自王人潮，1982)

3.3　叶色诊断

叶色是水稻体内氮素养分的外在表现，中国农民素有看作物叶色追肥的传统经验，从 300 多年前的《沈氏农书》关于对水稻进行叶色诊断追施孕穗肥到现在，叶色诊断氮营养的方法已逐渐发展成熟。20 世纪 50 年代，全国劳模陈永康总结了水稻群体叶色的"三黑三黄"变化，以控制晚稻生长发育，达到高产稳产的经验，提出了"肥田黄透再施，瘦田见黄即施，一般田不黄不施"的水稻追肥原则。人们对看苗施肥的方法进行了大量研究和总结，但是这种方法缺乏定量叶色深浅的客观标准，很难推广。20 世纪 70～80 年代，日本农学家和中国学者先后研制出了叶色票和叶色卡，建立了叶色等级评判标准。陶勤南等根据均匀颜色空间及色差公式研制了水稻标准叶色，并根据不同类型水稻确定标准叶色级范围。当田间水稻叶色级超过标准叶色级，说明氮素过剩，应采取烤田的措施加以控制；如果叶色级正好处于标准叶色级水平，则表明氮素营养适宜，不必追施氮肥；若叶色级低于标准叶色级，则表示水稻氮素营养不良，应酌情追施一定量的氮肥。叶色诊断是氮素营养诊断中简单易行的方法，如果标准叶色级确定合适，诊断会取得良好的效果。目前应用较多的 3 种叶色卡（LCC）分别由国际水稻研究所、浙江大学和加利福尼亚 Davis 研制。3 种 LCC 的叶色级不同，国际水稻研究所的 LCC 共有 6 个叶色级（1～6）；浙江大学的 LCC 有 8 个叶色级（3、4、5、5.5、6、6.5、7、8），美国加利福尼亚大学也有 8 个叶色级（1～8）。2005 年国际水稻研究所（IRRI）又研制了一种 4 个叶色级别的 LCC，用此代替了 6 个叶色级的 LCC（图 3 - 2）。

　　叶色卡测定方法仍沿用目测，叶色等级评判受人的主观意识影响较大。叶色是植株体内氮素养分的外在表现，用叶色卡判定的叶色级可以粗略作为氮素营养水平高低的指标。尽管叶色卡法简单、方便，但是不能区分作物失绿是由于缺

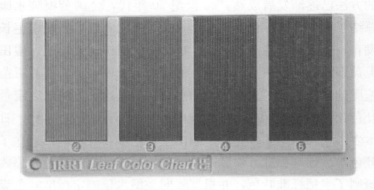

图 3-2 水稻叶色卡
（国际水稻研究所研制）

氮引起的还是由于其他因素引起的，该法还受到品种、植被密度以及土壤氮素状况和叶绿素含量变化等因子的影响。另外人们对颜色的视觉在不同的个体之间存在差异，这些都制约着叶色卡法诊断水稻氮素营养的应用。

3.4 叶绿素仪诊断

叶片进行光合作用时，与其他植物组织相比，需要更多的氮素。进行光合作用的器官中的氮素主要存在于光反应的色素蛋白及与光合作用碳消耗循环相关的蛋白质中。由于叶片含氮量和叶绿素含量之间的变化趋势相似，因此可以通过测定叶绿素含量来监测植株氮素营养。叶绿素吸收峰在蓝光和红光区域。在绿光区域是吸收低谷，并且在近红外区域几乎没有吸收。基于此，选择红光区域和近红外区域测量叶绿素。日本产叶绿素仪（Chlorophyll Meter SPAD-502，图

3-3）是由发光二极管（light‐emitting diode）发射红光（峰值波长约 650 nm）和近红外光（峰值约在 940 nm）。透过样本叶的发射光到达接收器，将透射光转换成为相似的电信号，经过放大器的放大，然后通过 A/D 转换器转换为数字信号，微处理器利用这些数字信号计算叶绿素仪值，显示并自动存储。

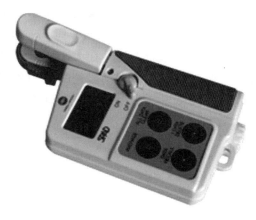

图 3-3　叶绿素仪 SPAD-502

计算叶绿素仪值的步骤如下：

① 标准状态下（无被测样本），2 个光源依次发光，并转变成为电信号，计算强度比。

② 插入样本叶片之后，2 个光源再次发光，叶片的透射光转换成为电信号，计算透射光强度比值。

③ 运用以上 2 个步骤的计算结果计算叶绿素仪值。

简言之，叶绿素仪读数是基于测定特定光谱波段叶绿素对光的吸收而获得的。

影响叶绿素仪读数的因素包括品种，特别是基因型、植株密度、环境条件、营养状态和导致植株枯黄的各种生物的和非生物的胁迫及其他养分亏缺或者毒性（主要是磷、铁、锰、锌）等。另外，叶绿素仪读数受光辐射照度的影响较大。有研究表明叶绿素仪读数能评价特定基因型稻在特定生长期内株茎的氮素含量，还能用于区别具有相似叶面积和分蘖数乘积值的水稻基因型（Hoel et al，1998）。对于其他植物品种来说，正是基因型和生长阶段使得叶绿素仪评价基于干重的叶片氮素浓度变得复杂（Seaml et al，1995）。叶绿素仪是简单而又方便的诊断工具。在大田调查和没有足够仪器进行实验室试验的情况下，利用当地的品种和作物环境条件来校正叶绿素计测定值，能用于监测作物氮素状况（Balasubramanian et al，1999）。

中　篇

水稻氮素营养高光谱诊断的理论基础

第4章　高光谱遥感技术的概述

除了常规遥感技术迅猛发展外，开拓性的成像光谱仪的研制已在 20 世纪 80 年代初开始，并逐渐形成了高光谱分辨率的新遥感系统。

4.1　高光谱遥感基本概念

高光谱遥感（hyperspectral remote sensing）是 20 世纪最后 20 年中人类在对地观测方面所取得的重大技术突破之一，是当前遥感前沿技术（陈述彭等，1998；郑兰芬等，1992），它是指利用很多很窄（一般波段宽度＜10 mm）的电磁波波段从感兴趣的物体获取有关数据，即能产生一条完整而连续的光谱曲线（Vane et al，1993）。可以获取连续的光谱信息，这是高光谱遥感与常规遥感数据的主要区别（浦瑞良等，2000）。高光谱或成像光谱技术就是将由物质成分决定的地物光谱与反映地物存在格局的空间影像有机地结合起来，对空间影像的每一个像素都可赋予对它本身具有特征的光谱信息。遥感影像和光谱的合一，实现了人们认识论中逻辑思维和形象思维的统一，大大提高了人们对客观世界的认知能力，为人们观测地物、认识世界提供了一种犀利手段，这无疑是遥感技术发展历程中的一项重大创新（童庆禧，2008）。

4.2 高光谱遥感在植被研究中的应用

许多地表矿物成分具有非常特殊的诊断性反射光谱特征（Kruse et al, 1990）。植物也是由一些与地表矿物成分相同的化合物构成，因此也有类似的光谱特征（Qiu et al, 1998）。植物的明显光谱特征主要是由于叶绿素等色素和水引起的。健康的绿色植物的光谱曲线总是呈现明显的峰和谷的特征。可见光部分的低谷（蓝光波段和红光波段）主要是由于叶绿素强烈吸收引起。在可见光区域的绿峰、红光低谷及红光过渡到近红外的"红边"是描述植物色素状态和健康状况的重要指示波段。通常采用两个因子描述红边特征：红边斜率和红边位置，即红边反射率最大值与其所对应的波长（650～800 nm）。红边是由于红光波段强烈地吸收和近红外波段强烈地反射造成的，是植物曲线最明显的特征，红边位置主要与作物覆盖度或叶面积有关，而红边斜率与叶片的叶绿素含量有关（Curran，1989；王秀珍，2001）。近红外高原区是由于叶片内部组织结构（细胞结构）多次反射散射的结果。1 300 nm 以上的 3 个明显的低谷是由于叶片内部液态水强烈吸收的结果（水吸收波段）。这些光谱特征与植被的生长发育阶段、健康状况和物候现象等密切相关（浦瑞良等，2000）。

绿色植物的一般光谱特征主要由其化学和形态学特征决定（Knipling et al，1970），而这些特征与植被的生长发育阶段、健康状况和物候现象密切相关（Yang et al，1999，2000）。由于不同植物绿叶之间以及同一植物不同部位的绿叶之间色素含量（主要是叶绿素，Penuelas et al，1995；Palta，1990）及水分含量的差异，它们之间的光谱曲线线形存在许多差别，主要差异发生在叶绿素强烈吸收的蓝、红光区和水吸收的中红外区。即使是同一种植物由于叶片生长部位不同，它们叶绿素吸收引起的可见光曲线形状也明显不同。不同植物种类之间吸收谷、反射峰的差异就更明显。这种植物绿叶光谱曲线线形除受种类及部位因素影响外，还受物候季相的影响。详细描述不同植物特有的光谱特征，能用于对植被的识别与分类，还能对植物化学成分（指植物体内的）及植物长势等作出评估。

高光谱遥感在植被中的应用（Mcgwire et al，2000），以森林最多（Curran et al，1995；Gong et al，1995；Zagolski et al，1996；Johnson et al，1994，1996；Martin et al，1997；Wessman et al，1988；浦瑞良等，1997，2000），把遥感数据应用于森林生态系统参量（生物物理和生物化学）的区域估计上，这些参量如叶面积系数（LAI）、光合有效辐射（AFAR）（Sellers et al，1985，1987；Hall et al，1990）、冠层温度及群落类型等（Johnson et al，1994）。

植被遥感概念已扩大为生态遥感，它涉及较为广泛的应用研究领域：植被制图、土地覆盖利用变化探测、生物物理和生物化学参数提取与估计等（Peterson et al，1992）。高光谱植被遥感主要研究生态遥感所涉及的植被类型的识别与分类、植物化学成分的估测、植物生态学评价。高光谱遥感数据能大大地改善对植被的识别与分类精度。单就充分利用植被的光谱信息而言，人们可以从众多的窄波段中筛选出那些对植物类型间光谱差异极为明显的波段，利用少数几个窄波段对植被类型进行识别与分类；也可采用一些数据压缩技术，重新组合几个综合波段，充分利用植被的光谱信息，这对植被识别与分类精度的改善必将大有帮助。由于航高的原因，改善空间分辨率有一定难度，但光谱分辨率的提高同样也能改善植物遥感水平。高光谱遥感的出现，使植物化学成分的遥感估测成为可能。因此植物遥感已非局限于对植物类型的识别与分类，而已涉及各种植物化学成分的估测，并为评价植物长势、估计陆地生物量从理论和实践上提供了可靠的保证（Penuelas et al，1993，1994）。在植物生态学研究中应用高光谱遥感数据，主要涉及以下几个方面：植物群落、种类的识别，冠层结构、状态或活力的评价，冠层水文状态的评价和冠层生物化学成分的估计（Jago et al，1999）。叶面积系数是植物生态学研究中的一个重要指标，叶面积系数与生物量、植物长势均有密切关系（Price，1992，1993，1995）。

高光谱遥感技术的出现已使从遥感数据中提取农学参数成为可能。传统的宽波段遥感数据（如 Landsat MSS、Landsat TM）研究植被是由于波段数少、光谱分辨率低，仅限于一般性的红光吸收特征（由于叶绿素等色素的吸收）、近红外反射特征（由于复杂的细胞结构散射）及中红外的水吸收特征的研究。并且利用其计算出的植被指数所能反映的信息量少（浦瑞良等，2000）。而高光谱遥感具有分辨率高、波段多、数据量丰富等特点，它的出现已使从光谱遥感数据中提取农学参数成为可能。

在农业研究中通过地面干样本反射光谱和生化参数之间的多元线性回归分析已经成功地预测了生化含量，在可见光和近红外约 42 个光谱吸收特征和叶片生化含量之间成功地建立了相关关系，这些生化参数包括氮素和蛋白质（Curran，1989）。各种作物的氮素营养状况和特定波长的反射率之间存在相关性，并且各种反射率比值及植被指数用于监测植物的氮素丰缺（Maet et al，1996；Gopala，1998；Blackmer et al，1998；Plant et al，2000；Serrano et al，2000；Ian et al，2002）。光谱监测已经提供了一种自动、快速和非损伤性的植物营养状态监测方法。

4.3　水稻氮素营养高光谱研究进展

研究表明在不同生育期和不同氮素水平之间水稻的光谱特征具有一定的规律性（刘伟东等，2000）。

微分技术能够改善光谱数据和水稻叶绿素密度的相关性，通过导数光谱数据与叶绿素密度的相关性分析，可以找到与叶绿素密度相关性最高并且受作物种类影响很小的特征波段，建立作物的导数光谱与叶绿素密度的线性关系（吴长山等，2000）。一阶导数已经被用于确定关键波长，如红边。红边的位置定义为红光到近红外区光谱曲线的变形点，红边位置和红边斜率可以利用高光谱数据通过导数运算精确得到，通过一阶导数的光谱曲线峰值确定红边位置和斜率（Pinar et al，1996；Fileliaet et al，1994；Railyanet et al，1993）。

水稻生育期内，红边变化有一定的规律性。生长初期，叶面积指数低、冠层叶绿素密度小，红边斜率小，位置靠近短波方向，随着生育期的推进（Horler et al，1983），叶面积系数增加、冠层叶绿素密度也增加,红边斜率慢慢增加,位置向红外波段移近。到水稻生长旺盛期,叶面积系数和冠层叶绿素密度最大,叶绿素对红光波段的吸收加宽加深,红边斜率达最大,位置很靠近红外波段。随着物候期的推进,冠层下部叶片衰老死亡,叶面积系数与冠层叶绿素密度都下降,使得红边斜率降低,位置向短波方向移动导致红边变形点蓝移。

许多研究者开展了基于光谱评价鲜叶中氮含量的研究,但是否能从鲜叶光谱中大量提取氮素信息还没有达成共识。已有不少研究成功地利用光谱分析测定植物组织的氮素含量,其中叶片干样磨细粉末光谱分析测定的结果精度最高,这主要是由于鲜叶表面存在较强反射,以及叶片角质层、叶毛等表面结构与组成的影响。虽然光谱估测鲜叶氮素含量的精度不如估测磨细均匀干样的精度高,但鲜叶光谱分析具有非破坏性、快速、简便、自动化程度高等特点,适宜于田间或者室内快速氮素营养的估算。研究发现叶片反射模型反映叶片氮素含量效果甚微(Fourty et al,1996)。逐步回归被用于光谱和生化参数相关性的分析,这已经被普遍接受,但是波长的选择在不同研究中有着并非一致的趋势(Grossman et al,1996;Fourty et al,1998)。

随着测试仪器光谱分辨率的提高以及测试范围的扩大,估测氮素精度进一步提高。如何提高光谱估测鲜叶氮素含量的精度有待于进一步研究。

浙江大学农业遥感与信息技术应用研究所早于 20 世纪 80 年代初在国家基金"早稻氮素营养状况的遥感监测基础研究"和浙江省基金"晚稻氮素营养状况的遥感监测基础研

究"的资助下，经过系统研究找出了氮素营养影响水稻光谱特性的敏感波段，并建立了光谱变量和水稻叶片及稻株含氮量之间的相关模式。后来在国家和浙江省"八五"科技攻关项目（水稻遥感估产技术攻关研究）中进一步明确了光谱变量与叶面积系数、氮素含量和叶绿素含量之间的显著相关性，并建立起相应的农学光谱估产模式，其精度在75%～99%。青岛科技大学生态环境与农业信息化研究所在国家"863"计划课题"水稻氮素营养光谱诊断实用化关键技术研究"的资助下进一步明确了光谱变量与氮素含量和叶绿素含量之间显著的相关性，并建立起相应的植被指数和诊断模型，分别开发了基于叶片和冠层尺度的水稻氮素营养诊断仪器。

氮素的丰缺可以通过叶绿素的含量和组成间接反映出来，研究表明叶绿素 a 和叶绿素 b 的比值变化和土壤可利用的氮素相关（ÓNeil，1979）。并且和氮素含量相比较而言，叶绿素含量的测定方法较为容易，所以很多科技工作者用叶绿素的遥感研究间接评价植物氮素营养（Lee，2001）。研究表明叶绿素含量和叶片光谱特性之间存在强相关性（Madeira et al，2000；Josep et al，1993；王人潮等，2002），目前作物光谱（特别是高光谱）与叶绿素浓度之间的相关关系研究较多，在（导数）光谱变量、植被指数、红边参数与叶绿素浓度等农学参数之间建立了较好的相关关系（Curran et al，1992；Broge et al，2000；Gitelson et al，1996；Lichtenthaler et al，1996；Blackburn et al，1998；Demetrialdes et al，1990）。

田间不同处理之间的冠层光谱差异为高光谱和多光谱遥

感大面积监测氮素营养提供了可行性（Wang Renchao et al，1998）。Plant(2001) 清楚地阐述了高空遥感获得作物长势信息的重要性。很多研究证明了基于手持便携式光谱仪的光谱数据、航空传感器提供的遥感数据和作物某些生长因素之间存在相关性，最近的研究又把这些方法用于在实验室对干样本的分析中（Card et al，1988；McLellan et al，1991；Kokaly et al，1999，2001）。一些研究者研究了冠层生化参数和航空遥感获得的光谱数据之间的相关性（Peterson et al，1988；Wessman et al，1988a；Martin and Aber，1993；Matson et al，1994；Goel et al，2003）。使用高光谱成像 AVIRIS 数据评价田间叶片生化成分，结果表明 AVIRIS 光谱数据能用于监测田间水稻氮素浓度（Lacapra et al，1996）。但是由于费用昂贵，在氮素营养诊断中普遍使用航空遥感是不现实的，因此人们希望卫星影像最终能用于精确农业中大面积监测作物生长状况和影响因素，提供一些基础的多维数据（Goel et al，2003）。

第5章 不同氮素水平的水稻光谱特征

5.1 水稻冠层与田间背景的光谱特征比较

由于地物的高光谱特征是地物种类、结构及其化学组成等多种因素共同作用的结果，不同地物在电磁波谱上显示的诊断性高光谱特征有可能用来帮助人们识别不同地物及其成分（Crosta et al，1997）。图 5-1 是孕穗期水稻冠层、100%稻田浮萍、湿地和稻田水面的反射光谱比较。可以看出，湿地在 350～2 400 nm 分段呈准线性变化，表现出明显的土壤光谱线特征；稻田水面在可见光的近红外（760～1 160 nm）区域有较低的光谱反射率，在 1 160 nm 以上红外区域，其

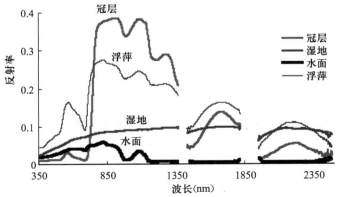

图 5-1 水稻冠层、湿地、水面及浮萍的光谱比较

(引自唐延林，2004)

光谱反射率几乎为零，这不同于植被和土壤；水稻冠层和浮萍都具有典型的植被光谱特征，但浮萍的可见光反射率比水稻冠层反射率要高得多，近红外区反射率却低于水稻冠层，1 400 nm 以上短波红外区反射率又明显高于水稻冠层。主要原因是浮萍呈浅绿色、相当于植被的叶面积系数 LAI≈1（一层），所以在可见光区浮萍反射率较高而近红外区域反射率较低；另外在浮萍光谱测量时，稻田水量很少，因此，浮萍光谱受湿地影响较大，使其短波红外区反射率较高。

图 5-2、图 5-3 分别是水稻冠层、浮萍、湿地和稻田水面的一阶微分光谱和二阶微分光谱的比较。可以看出，湿地的一阶、二阶微分光谱值在可见光区几乎为零，在近红外区也很小；稻田水面一阶微分光谱值在可见光区很低，其中在 665 nm、694 nm 和 732 nm 附近有 3 个比较明显的峰，而它的二阶微分光谱在可见光区也几乎趋于零，近红外区的一阶、二阶微分光谱具有多个明显的峰；冠层和浮萍的一阶微分光谱都有红边和蓝边现象，

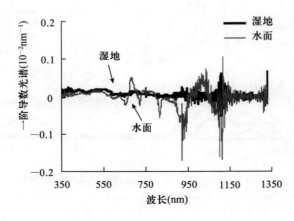

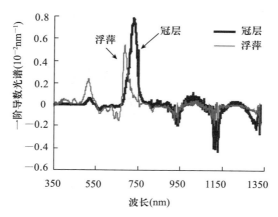

图 5-2　水稻冠层、湿地、水面及浮萍的一阶导数光谱的比较

而浮萍的红边、蓝边位置相对于冠层出现蓝移（向短波方向移动）且红边幅值较小、蓝边幅值较大，冠层的二阶微分光谱在 760 nm 附近有一个很明显的峰，但浮萍的峰要小得多。

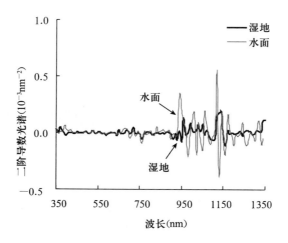

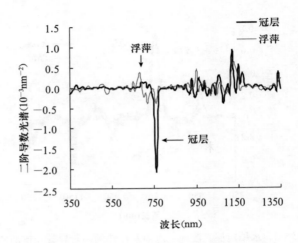

图 5-3 水稻冠层、湿地、水面及浮萍的二阶导数光谱的比较

5.2 水稻冠层光谱特征

5.2.1 不同氮素水平下水稻光谱特性

已发现许多地表矿物成分具有非常特殊的诊断性反射光谱特征。植物由于其由一些与地表矿物成分相同的化合物构成，因此亦应有类似的光谱特征。已确定的大部分植物的明显光谱特征是由于内含的叶绿素等色素和液态水引起的。

水稻的光谱曲线呈现明显的峰和谷的特征。可见光部分反射和透射的低谷以及吸收峰（450 nm 和 670 nm 处的蓝光、红光）主要由叶绿素强烈吸收引起。在可见光区的蓝边（蓝过渡到绿）、绿峰、黄边（绿过渡到红）、红光低谷及红光过渡到近红外的红边是描述水稻色素状态和健康状况的重要指示波段。近红外高原区（700～1 300 nm）的光谱特征主要是由于叶片内部组织结构（细胞结构）多次反射散射的结果。

1 300 nm 以上的 3 个明显低谷：1.4 μm、1.9 μm 和 2.7 μm是由于叶片内部的液态水强烈吸收的结果（Lillesand，1994）。水稻光谱特征主要由其化学和形态学特征决定，而这些特征与水稻的生长发育阶段和健康状况相关。水稻品种、生育期和氮素营养之间的差异将导致叶片之间以及同一植株不同部位的叶片之间叶绿素及水分含量的差异。

氮是叶绿素 a 和叶绿素 b 的组成成分，当氮素营养供应缺乏引起叶片叶绿素含量减少时，对蓝光和红光的吸收能力下降，导致蓝光和红光吸收谷和绿光反射峰的反射率上升，而近红外反射平台反射率降低。随着氮素水平的增加，蓝光和红光吸收谷和绿光反射峰的反射率下降，而近红外反射平台反射率升高（图 5-4 和图 5-5）。

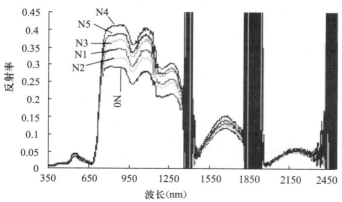

图 5-4　水稻冠层反射光谱曲线（丙 9363，小区试验，孕穗期）

（引自张金恒，2004）

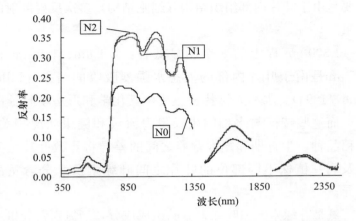

图 5-5　水稻冠层光谱反射曲线（晚粳稻，大田试验，孕穗期）

（引自张金恒，2004）

不同波段的平均光谱反射率表明，不同氮素水平的光谱反射率在短波段范围差异较小，在长波段差异逐渐增加，在短波近红外（short wave near infrared，SNIR）750～1 100 nm 处差异最大（反射率为 0.208～0.368），然后逐渐减小。因此可以认为水稻冠层光谱特征变异依赖于波长，并且变异最小的波段位置发生在可见光范围，近红外波段差异性最大（图 5-6、图 5-7）。Asner(1998) 研究绿色植被的光学特性和光谱特征变异也得出相同的结论。这种变化规律主要是随着氮素水平的增加，施用氮肥明显影响了叶肉细胞的结构，导致近红外波段较高的反射率（Asner，1998；Barrett，1992）。

5.2.2　不同氮素处理水平冠层反射光谱比值

由于空气中水汽的吸收干扰和仪器噪声的作用，导致

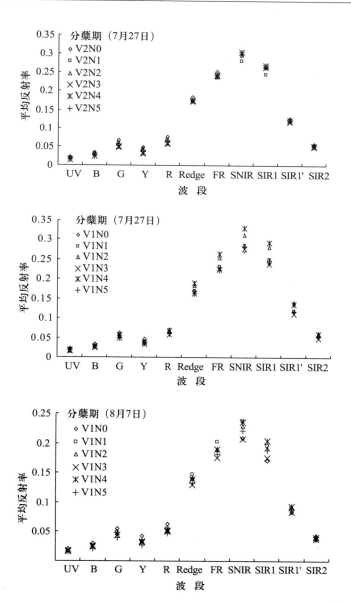

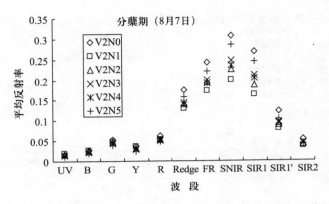

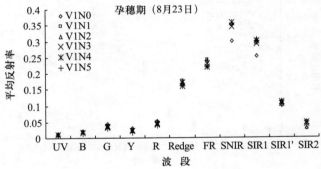

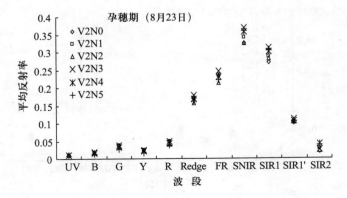

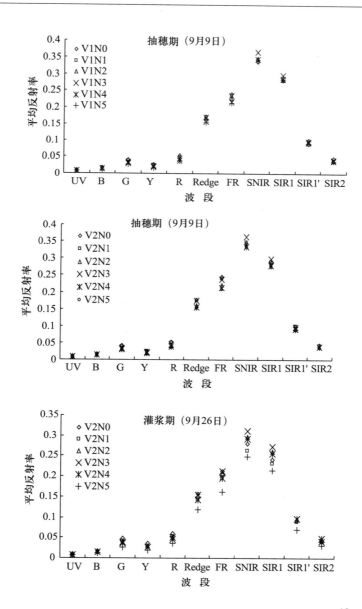

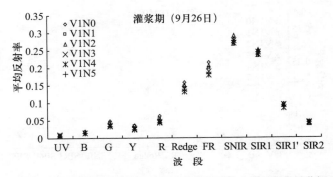

图 5-6 小区试验 6 个氮素水平下宽波段平均光谱反射变异分析

V1. 晚粳稻丙 9363   V2. 晚粳稻丙 9652

N0=0   N1=150 kg/hm² N   N2=225 kg/hm² N   N3=300 kg/hm² N

N4=375 kg/hm² N   N5=450 kg/hm² N

（引自张金恒，2004）

1 000～1 450 nm、1 800～1 970 nm 和 2 380～2 500 nm 光谱反射率波动很大，上述 3 个波段范围内冠层反射光谱不可用（图 5-8）。分析地面冠层高光谱反射曲线特征发现随着冠层氮素营养的增加，光谱反射率在可见光范围内减小，但是在近红外 730～1 350 nm 反射率增加。在近红外 450～1 800 nm 和 1 970～2 380 nm 规律性不明显。

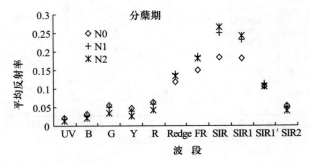

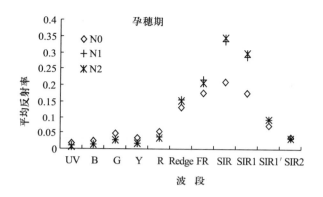

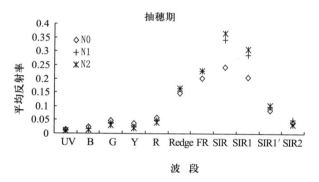

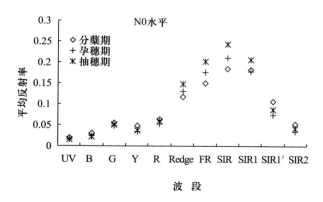

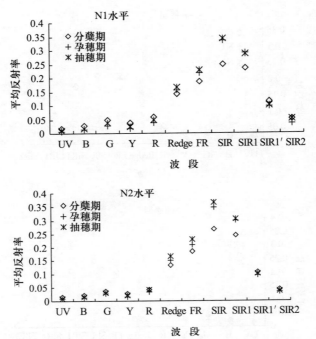

图 5-7 大田试验不同宽波段冠层光谱反射率变异比较（大田试验，

试验品种：晚粳稻 101、晚粳稻 C-67、晚粳稻 004）

N0. 不施肥 N1. 正常施肥量的 1/2 N2. 正常施肥 ［正常施肥（尿素）量为：

第一次 135 kg/hm²，第二次 202.5 kg/hm²，第三次 120 kg/hm²］

（引自张金恒，2004）

比较不同水平冠层反射光谱分别与高氮肥水平水稻冠层反射光谱比值表明，可见光范围内比值大于 1，然而在近红外波段范围内比值小于 1，比值变化的峰值在红光吸收谷，大田试验表现出相同的规律（图 5-9、图 5-10）。这种比值显著突出了红光范围光谱反射特征，并且比值变化规律和施肥水平变化趋势相同或相近。这一结论与 Carter（1993）

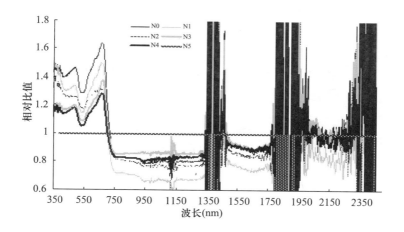

图 5 - 8　小区试验 N0 至 N5 水平的冠层光谱反射率与 N5 水平冠层
　　　　光谱反射率比较（晚粳稻，2002）

N0＝0　　N1＝150 kg/hm² N　　N2＝225 kg/hm² N　　N3＝300 kg/hm² N

N4＝375 kg/hm² N　　N5＝450 kg/hm² N

研究得出的光谱反射最敏感波段范围基本一致，并且与
Onisimo（2002）研究得出的在不同处理之间显著差异的波段
范围基本一致。

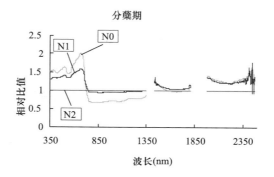

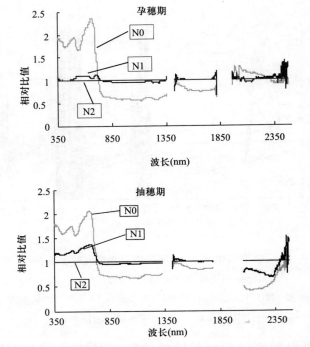

图 5-9 N0 至 N2 氮素水平的冠层光谱反射率与 N2 氮素水平冠层
光谱反射率比值（大田试验，2002）

N0. 不施肥 N1. 正常施肥量的 1/2 N2. 正常施肥 ［正常施肥（尿素）量为：
第一次 135 kg/hm²，第二次 202.5 kg/hm²，第三次 120 kg/hm²］

5.2.3 不同生育期水稻冠层光谱特征

无论是早稻，还是晚稻，在可见光区，从水稻移栽后到抽穗，水稻植株的持续生长，促使叶面积系数不断增加，因而整个群体的光合能力不断增强，对红光、蓝光的吸收增强，红光与蓝光波段的反射率逐渐减小，红光与蓝光波段的强吸收使绿光波段的反射逐渐突出，形成一个小的反射峰。

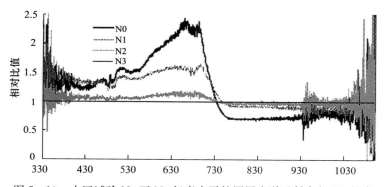

图 5-10 小区试验 N0 至 N3 氮素水平的冠层光谱反射率与 N3 氮素

水平冠层光谱反射率比较（临稻 11，2009）

N0＝0 N1＝270 kg/hm²(NH₂)₂CO N2＝585 kg/hm²(NH₂)₂CO

N3＝750 kg/hm²(NH₂)₂CO

在抽穗后，叶片的养分开始向穗部转移，冠层的叶绿素不断减小，此时，位于红光波段、蓝光波段的反射率开始上升，在乳熟期之后，下部叶片不断衰老、枯萎、脱落，叶面积系数持续下降，绿色叶片内的营养物质向穗部转移，叶绿素分解，叶片转黄，叶片已不能够进行较强的光合作用，而且继续向穗部提供养分，冠层叶绿素迅速减少，红光波段、蓝光波段的反射率上升加快。此时，水稻在绿光波段的反射率仍然比在红光和蓝光波段的反射率大，在可见光区域仍有一个小的反射峰，随水稻生育进程的推进，红光与蓝光波段的反射率逐渐增加。在红边至近红外区，水稻从移栽后，随叶面积系数的增加，叶层增多，近红外的反射率不断增大，当叶面积系数达到一定值时，近红外反射率趋向稳定。灌浆乳熟时，因叶片向穗部提供大量的养分，叶片的内部组织结构开始发生变化，近红外的反射率也开始逐渐下降，持续到水稻成熟。在短波红外区域，5 个品种冠层光谱反射率的变化规律不相同，这可能是受各品种的生育期、叶面积系数、叶片结构和冠层结构的共同影响造成的，其中 3 个早稻品种嘉育 293、嘉早 312、嘉早 324 具有相同的变化规律，从移栽后一直到成熟收割，其反射率是缓慢增加的，而两个晚稻品种

秀水 110、协优 9308 的变化规律却有差异。可以看出，水稻光谱反射率曲线变化的规律性基本上与其生长发育的群体变化特征是对应的。但嘉育 293 的叶型随发育期由分蘖期的披散型转为拔节期的直立紧凑型，尽管分蘖期的叶面积系数小于拔节期的叶面积系数，但披散型叶片对光的反射面积远大于直立紧凑型，所以，它

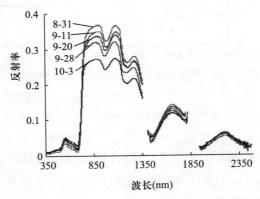

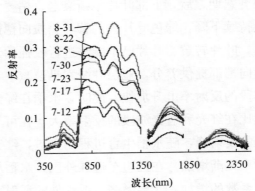

图 5-11　不同生育期秀水 110 的冠层光谱
（氮素水平为 120 kg/hm² N）

的近红外反射率在分蘖期要高于拔节期（图 5-11 至图 5-14）。

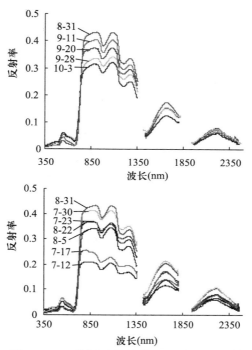

图 5 - 12 不同生育期协优 9308 的冠层光谱
（氮素水平为 120 kg/hm² N）

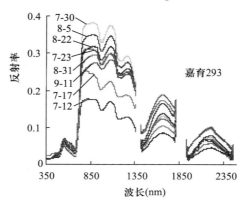

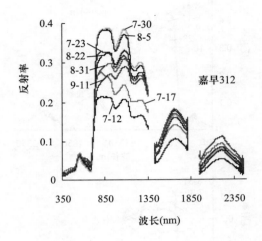

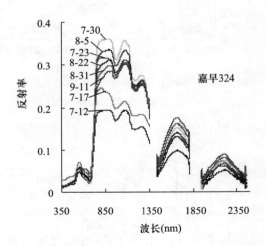

图 5-13　嘉育 293、嘉旱 312 和嘉旱 324 不同生育期的冠层光谱

（氮素水平为 120 kg/hm² N）

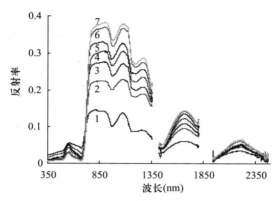

图 5-14 不同叶面积系数时秀水 110 的冠层光谱（氮素水平为
120 kg/hm² N，孕穗期）

(图中曲线上方数字表示叶面积系数 LAI)

5.3 水稻叶片光谱特征

5.3.1 不同氮素水平下水稻叶片光谱特征

　　水稻叶片吸收光谱有两个明显的吸收谷，一个位于绿光
区（550 nm 左右），一个位于近红外区（750 nm 左右）。两
个吸收峰，一个位于蓝光区（480 nm 左右），一个位于红光
区（680 nm 左右）。吸收光谱的明显吸收谷值的波段位置对
应了透射和吸收光谱明显的峰值（绿峰和近红外平台区）。
而吸收光谱的两个明显的吸收峰值的波段位置对应了透射和
吸收光谱明显的谷值（蓝光和红光）。叶片吸收光谱特征随
氮素营养水平的变化规律与反射及透射光谱特征恰好相反。
近红外平台主要是叶片细胞结构对近红外光的多次反射结
果，因此这一波段范围的光谱吸收率极低。而在 480 nm 和

680 nm 处的红光、蓝光附近，由于叶绿素的强烈吸收导致这两个波段处的反射率和透射率出现了低谷，而吸收率出现了明显的峰值（图 5 - 15）。与冠层反射光谱相似，叶片光

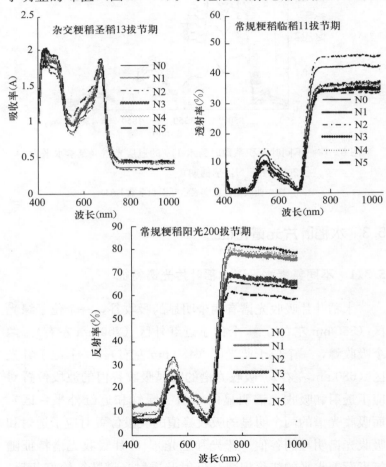

图 5 - 15　不同氮素水平水稻的吸收、透射和反射光谱

N0＝0　N1＝45 kg/hm²N　N2＝105 kg/hm²N　N3＝165 kg/hm²N

N4＝225 kg/hm²N　N5＝300 kg/hm²N

谱可见光区的蓝边（蓝过渡到绿）、绿峰黄边（绿过渡到红）、红光低谷及红光过渡到近红外的红边是描述植被色素状态和健康状况的重要指示波段（陈君颖等，2007）。

5.3.2　不同生育期水稻叶片光谱特征

在可见光区，从水稻移栽后到拔节期，水稻植株持续生长，光合能力不断增强，叶绿素含量增加，叶片对红光、蓝光的吸收增强，红光与蓝光波段的反射率、透射率逐渐减少，红光与蓝光波段的强吸收使绿光波段的反射和透射逐渐突出，形成一个小的反射峰。进入孕穗期，在施穗肥之前，由于氮素营养向穗部的转移，叶片叶绿素含量减少，叶片对红光、蓝光的吸收减弱，红光与蓝光波段的反射率和透射率逐渐增强。待到穗肥追施后，叶片获得的氮素营养开始增加，氮素由下向上运转明显，导致抽穗和灌浆期顶部叶位叶片叶绿素含量尤其是叶绿素 a 含量又出现上升趋势，叶片对红光、蓝光的吸收增强，红光与蓝光波段的反射率和透射率逐渐减弱。在乳熟期之后，绿色叶片内的营养物质向穗部转移，叶绿素分解，叶片转黄，叶片已不能够进行较强的光合作用，而且继续向穗部提供养分（图 5 - 16）。

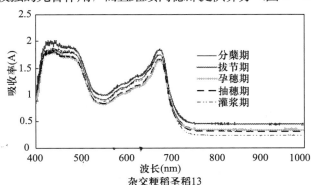

杂交粳稻圣稻13

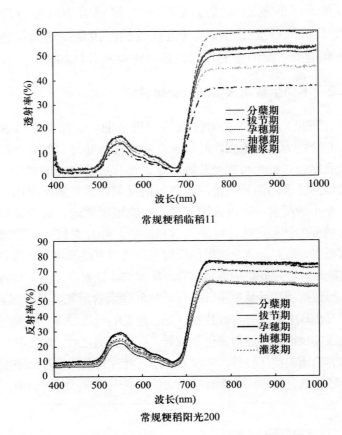

图 5-16　不同生育期水稻的吸收、透射和反射光谱

5.4　水稻光谱的红边特征

　　图 5-17、图 5-18 分别是不同发育期水稻冠层光谱和叶片光谱的红边位置、红边幅值的比较。

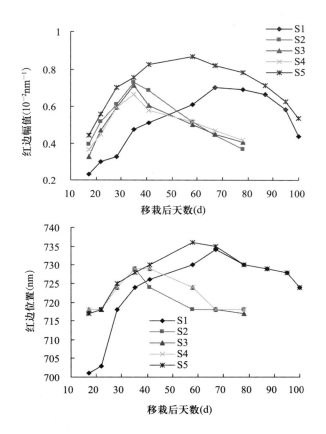

图 5 - 17　不同生育期的水稻冠层光谱的红边位置和红边幅值
（N1 氮素水平见 12.1 试验设计）

从图 5 - 17 可以看出，尽管各品种冠层光谱的红边位置、红边幅值数值大小不同，但试验的 2 个生育期较长的晚稻品种秀水 110、协优 9308 及 3 个生育期较短的早稻品种嘉育 293、嘉早 312、嘉早 324 的红边位置、红边幅值随发育期的变化规律是相似的。这表明冠层红边参数与水稻生育

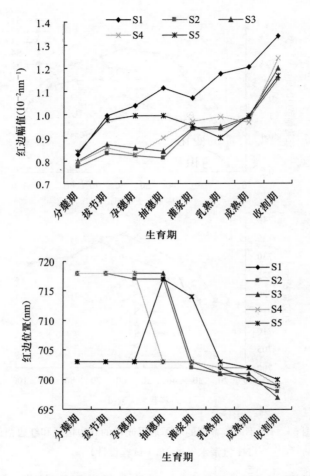

图 5－18　不同生育期的水稻倒 1 展开叶光谱的红边位置和红边幅值
（氮素水平为 45 kg/hm² N）

S1. 秀水 110（常规粳稻）　S2. 嘉育 293（常规籼稻）　S3. 嘉早 312（常规籼稻）

S4. 嘉早 324（常规籼稻）　　S5. 协优 9308（杂交籼稻）

期的长短有关。从图 5－18 可知嘉育 293、嘉早 312、嘉早

324 叶片光谱的红边位置和红边幅值和变化规律是相似的，但秀水 110、协优 9308 两个品种叶片光谱的红边位置、红边幅值的变化规律不一样，协优 9308 叶片光谱的红边位置在抽穗期和灌浆期有一个显著的红移，而红边幅值的低谷出现在乳熟期。比较常规稻秀水 110、嘉育 293、嘉早 312、嘉早 324 和杂交稻协优 9308 的叶片光谱红边位置、红边幅值随生育期的变化规律，红边参数的反常现象可以被看做是杂交水稻的识别特征之一，但还有待于进一步验证。

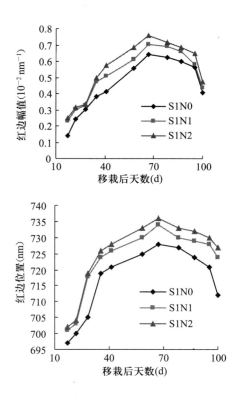

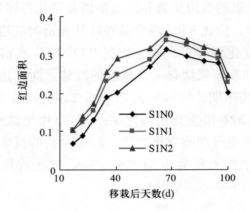

图 5 - 19   不同生育期、不同氮素（N0 至 N2）水平的秀水 110(S1)
　　　　　　 冠层光谱的红边参数

　　　　　　 N0＝0   N1＝45 kg/hm²N   N₂＝105 kg/hm²N

　　从图 5 - 19 可见，同一生育期时，秀水 110 冠层光谱的
红边参数（红边位置、红边幅值、红边面积）值随施氮量增
加。其他试验品种的冠层光谱的红边参数随施氮量的变化也
有相同的规律。

第6章 水稻氮素营养与水稻生物化学参数的相关性

6.1 叶片全氮含量和叶绿素、类胡萝卜素含量之间的相关性

计算叶片全氮含量与叶片叶绿素、类胡萝卜素含量之间的相关性，冠层干叶、鲜叶全氮含量与其叶绿素、类胡萝卜素含量呈显著相关（图6-1）。叶片全氮含量与叶绿素含量之间呈极显著正相关（图6-2）。

图6-3是秀水110旗叶全氮含量与叶绿素、类胡萝卜素含量的相关系数图，它表明旗叶全氮含量与叶绿素、类胡萝卜素含量也呈极显著正相关。

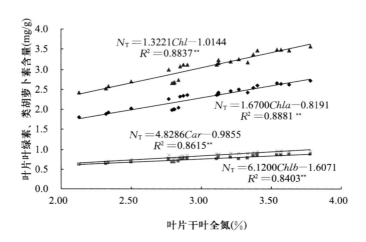

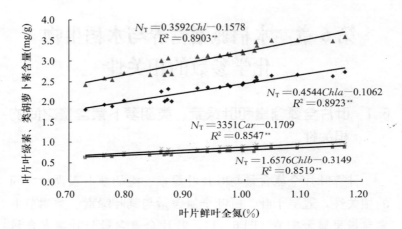

图 6-1 秀水 110 拔节期冠层干叶、鲜叶全氮含量和叶绿素、
类胡萝卜素含量的相关图

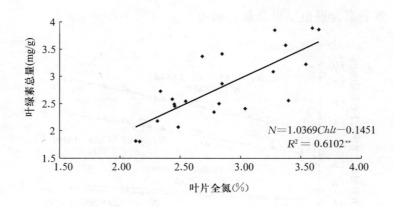

图 6-2 临稻 11 和阳光 200 拔节期叶片全氮和叶
绿素总量的相关性

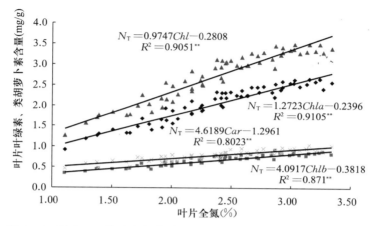

图 6-3　秀水 110 旗叶全氮含量和叶绿素、类胡萝卜素含量的相关图

6.2　谷穗粗蛋白和粗淀粉、直链淀粉之间的相关性

分别分析灌浆期、乳熟期秀水 110 稻穗粗淀粉含量与粗蛋白含量的相关性，如图 6-4 所示。从图 6-4 可知，粗淀粉含量和粗蛋白含量之间呈极显著负相关。分析其他 4 个试验品种，也有相同的结论。

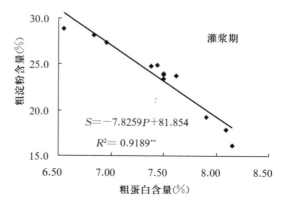

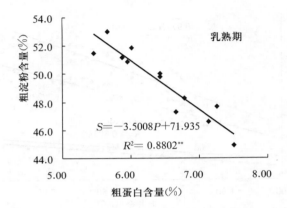

图 6-4　秀水 110 稻穗粗蛋白含量与粗淀粉含量的相关图

S. 粗淀粉含量　P. 粗蛋白含量

　　分别分析各试验品种稻米中粗淀粉、直链淀粉含量与粗蛋白含量的相关性，如图 6-5 所示。从图 6-5 可知，各试验品种稻米中粗淀粉含量和粗蛋白含量之间具有极显著负相关，但直链淀粉含量与粗蛋白质含量之间的相关性因品种而异，S1、S4 呈极显著正相关，S2、S3、S5 却呈极显著负相关。

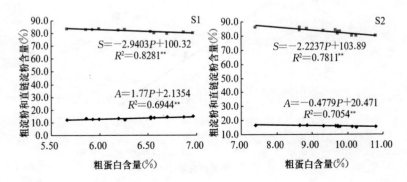

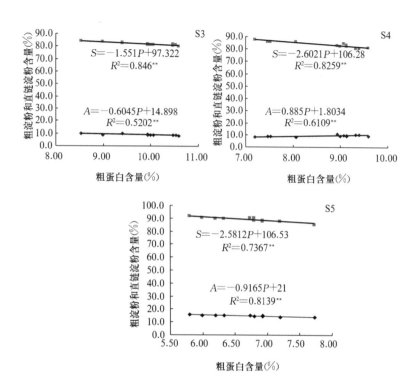

图 6 - 5　稻米粗蛋白含量与粗淀粉、直链淀粉含量的相关图

S. 粗淀粉含量　A. 直链淀粉含量　P. 粗蛋白含量

S1. 秀水 110（常规粳稻）　S2. 嘉育 293（常规籼稻）　S3. 嘉早 312（常规籼稻）

S4. 嘉早 324（常规籼稻）　S5. 协优 9308（杂交籼稻）

6.3　子粒全氮含量和茎、叶全氮含量之间的相关性

分别分析稻穗、稻米全氮含量与抽穗期、乳熟期和成熟期水稻茎、叶全氮含量的相关性，如图 6 - 6、图 6 - 7 所示，

稻穗、稻米全氮含量与茎、叶全氮含量之间呈显著正相关，且与茎全氮含量的相关性要好于与叶全氮含量的相关性，这表明最终水稻子粒中粗蛋白质来自于茎的转移多于来自于叶的转移。

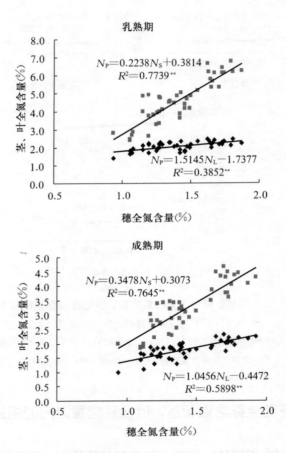

图 6-6　稻穗全氮含量与茎、叶全氮含量的相关图

N_P. 稻穗全氮含量　N_S. 茎全氮含量　N_L. 叶全氮含量

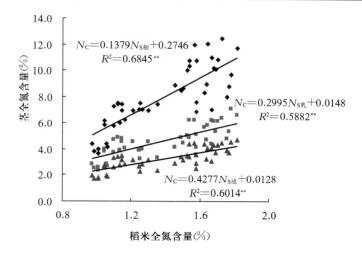

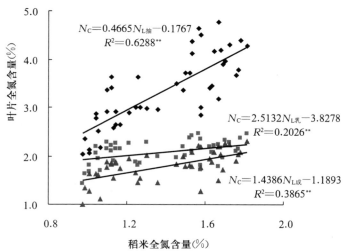

图 6-7　稻米全氮含量与茎、叶全氮含量的相关图

N_C. 稻米全氮含量　$N_{S抽}$. 抽穗期茎全氮含量　$N_{S乳}$. 乳熟期茎全氮含量

$N_{S成}$. 成熟期茎全氮含量　$N_{L抽}$. 抽穗期叶全氮含量　$N_{L乳}$. 乳熟期叶全氮含量

$N_{L成}$. 成熟期叶全氮含量

第7章 不同氮素营养水平的生物化学参数与高光谱参数的相关性

7.1 叶绿素含量与高光谱变量的相关性分析

从图 7-1 可知，叶绿素 a 含量和叶片光谱之间的相关系数随叶片的叶位不同而不同，在可见光范围，无论是剑叶还是倒 3 叶，其叶绿素 a 含量与叶片光谱的基本上都存在显著的相关性，并存在两个峰值，分别位于 550 nm 和 710 nm 附近，其相关系数最大值位于 550～555 nm，但在整个红外区域，其相关性都未通过显著性检验，这说明叶绿素 a 含量不会引起叶片近红外反射光谱的明显变化。

从图 7-2 可知，叶绿素 b 含量和叶片光谱之间的相关系数也随叶片的叶位不同而不同，在可见光范围，无论是剑叶还是倒 3 叶，其叶绿素 b 含量与叶片光谱的基本上都存在显著的相关性，并存在两个峰值，分别位于 550 nm 和 710 nm附近，其相关系数最大值位于 545～555 nm，但在整个红外区域，其相关性都未通过显著性检验，这说明叶绿素 b 含量也不会引起叶片近红外反射光谱的明显变化。

7.2 氮素营养与高光谱变量的相关性分析

分析小区试验冠层光谱反射率与冠层叶片氮素营养之间的相关性，结果表明相同生育期内相关系数的大小随波长位

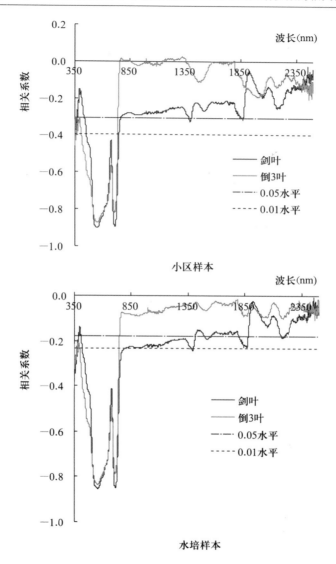

图 7-1　不同叶位叶片的叶绿素 a 含量与叶片原始光谱
　　　　之间的相关系数

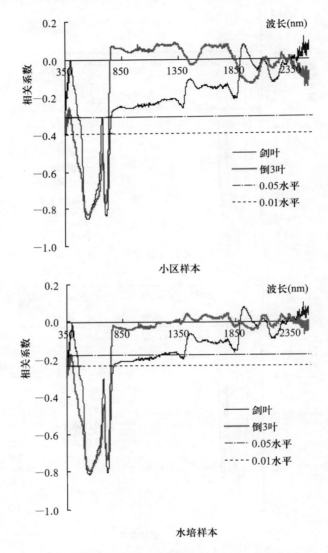

图 7-2 不同叶位叶片的叶绿素 b 含量与叶片原始光谱
之间的相关系数

置的变化规律：在可见光、红边以及近红外小于 1 150 nm
波段的相关性（相关系数绝对值）接近相等。由于大气水吸
收和仪器本身噪声使得近红外波段 1 350～1 450 nm、
1 800～1 960 nm以及 2 350～2 500 nm 的相关性没有意义。
相关性最大的波段位置位于 700 nm 附近（图 7-3、图 7-4）。
其他研究也表明 700 nm 附近、710 nm 附近以及 720～
750 nm冠层光谱反射率与冠层全氮含量存在强相关性
（Gates et al，1965；Filed et al，1986；Yoder et al，1995；
Eva et al，2002）。

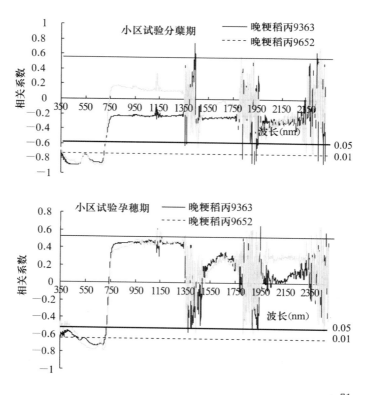

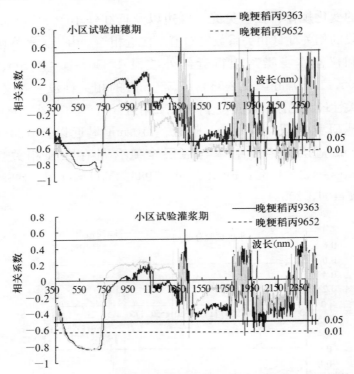

图7-3　小区试验分品种冠层反射光谱与氮素营养相关性比较
（图中粗虚线为0.01水平，细虚线为0.05水平）

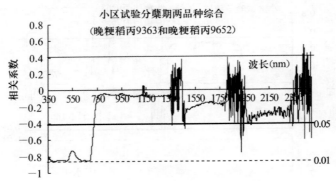

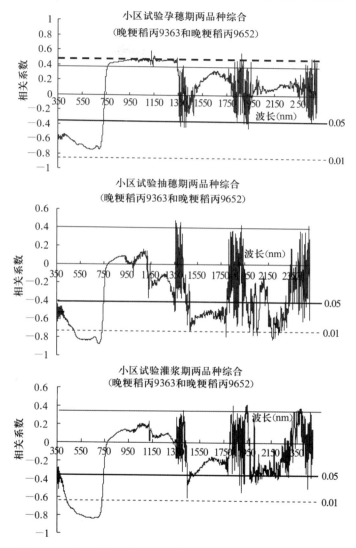

图7-4 小区试验不分品种综合冠层反射光谱与氮素营养相关性

（图中粗虚线为0.01水平，细虚线为0.05水平）

　　不同品种不同生育期之间叶片光谱反射率与叶片氮素含量之间相关性变化趋势相似，相关系数在绿光波段与红光波段范围内先后出现两个明显的谷（最大负相关系数），而且第一个谷对应的相关系数为最大负相关系数。并且绿光波段相关系数谷出现了近似平台。不同品种不同生育期之间叶片光谱透射率和叶片氮素含量之间相关性变化趋势相似，相关系数在绿光波段和红光波段范围内先后出现两个明显的峰（最大正相关系数），而且红光波段峰对应的相关系数为最大正相关系数。叶片光谱吸收率和叶片氮素含量之间相关性变化趋势也十分相似（图7-5至图7-7）。

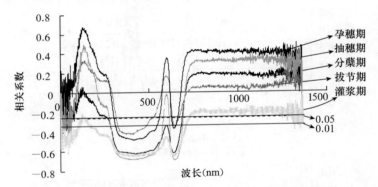

图7-5　叶片光谱反射率与叶片氮素含量之间相关性（圣稻13、
　　　　临稻11和阳光200）

（图中虚线为0.05水平，实线为0.01水平）

　　不同生育期不同氮素水平叶片光谱反射率和叶片氮素营养之间相关分析表明，在不同叶位之间相关性变化趋势在可见光范围之内相似，特别是在500~750 nm。相关系数在绿光波段到红光波段先后出现两个明显的谷（最大负相关系数），而且第一个谷对应的相关系数为最大负相关系数。分

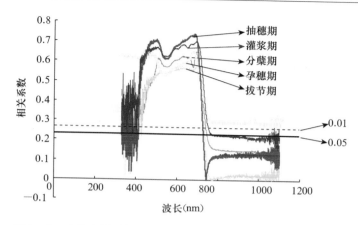

图 7-6　叶片光谱透射率和叶片氮素含量之间相关性（圣稻 13、
临稻 11 和阳光 200）

（图中实线为 0.05 水平，虚线为 0.01 水平）

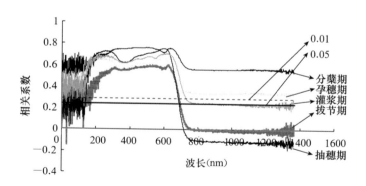

图 7-7　叶片光谱吸收率和叶片氮素含量之间相关性（圣稻 13、
临稻 11 和阳光 200）

（图中实线为 0.05 水平，虚线为 0.01 水平）

蘖期两个品种第一片完全展开叶在蓝光到红光相关系数均大
于第三片完全展开叶，并且第一片完全展开叶相关系数谷出现了近似平台。孕穗期、抽穗期两个品种第三片完全展开叶相关系数在可见光范围内接近相等。在绿光和黄光波段两个品种第三片完全展开叶相关系数出现了近似平台。相关系数在上下叶位之间的这种变化趋势也反映出氮素在上下叶位之间转移变化的规律。叶片反射光谱和氮素含量之间的相关显著性以及最大相关系数对应的波长位置在不同品种不同生育期以及不同叶位之间均不完全一致，但是发生显著相关的波段均集中在可见光 500～720 nm（图 7 - 8）。

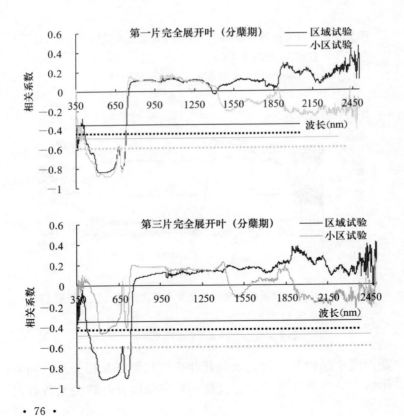

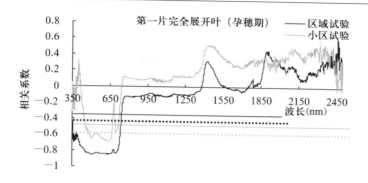

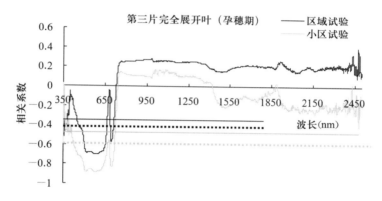

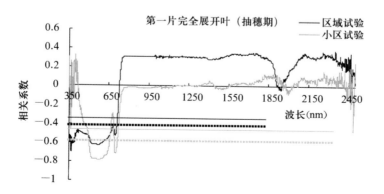

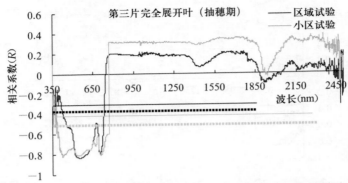

图 7-8　叶片光谱反射率和叶片氮素含量之间相关性比较（晚粳稻丙 9363、晚粳稻丙 9652、晚粳稻 101、晚粳稻 C-67、晚粳稻 004）（图中黑线为区域试验，灰线为小区试验；实线为 0.05 水平，虚线为 0.01 水平）

7.3　穗谷粗蛋白和粗淀粉含量与高光谱变量的相关性分析

分别计算稻穗粗蛋白和粗淀粉的相对含量（％）与其对应的冠层及稻穗粉末干样光谱反射率的相关系数，分别如图 7-9 和图 7-10 所示。

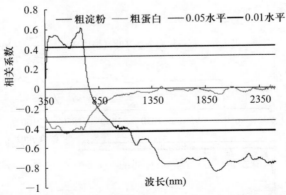

图 7-9　稻穗粗蛋白和粗淀粉含量与其粉末干样光谱反射率的相关系数（$n=36$）

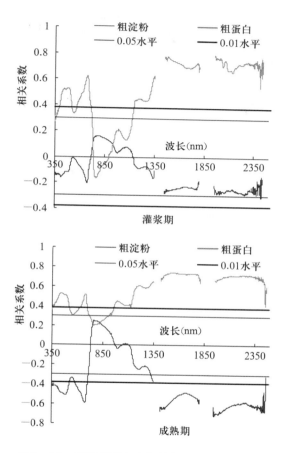

图 7-10　稻穗粗蛋白和粗淀粉含量与冠层光谱
反射率的相关系数（$n=45$）

　　从图 7-9 可以看出，稻穗的粗蛋白含量与稻穗粉末干样光谱反射率在可见光范围达到负显著相关水平，但在近红外区域的相关性未达到显著水平；粗淀粉含量与稻穗粉末干样光谱在可见光范围达到了正极显著相关水平，而在

1 000 nm以上红外范围也达到了负极显著相关水平。从图
7-10可以看出，稻穗的粗蛋白和粗淀粉含量与其冠层光谱
的相关性具有相反的趋势，其中粗蛋白含量与灌浆期、成熟
期的冠层光谱反射率在大部分可见光区域和短波红外部分达
到了正极显著相关水平，而粗淀粉含量与灌浆期的冠层光谱
反射率的相关性未达显著水平，但与成熟期的冠层光谱反射
率在黄光和黄红光（580～710 nm）及短波红外范围达到了
负极显著相关水平。另外，试验发现，稻穗的粗蛋白质和粗
淀粉含量与稻穗干粉末及冠层的一阶导数光谱在某些波段有
极显著相关。这表明，既可由稻穗本身高光谱也可由冠层光
谱来估测稻穗的粗蛋白质和粗淀粉的相对含量。

下　篇

水稻氮素营养高光谱诊断的
技术与方法

第8章 水稻高光谱数据的分析技术

农业高光谱遥感研究的主要内容包括农作物种类识别与分类、农作物长势监测与估产、农作物生化组分的估测及农业生态评价等。建立各种从高光谱遥感数据中提取农作物的生物物理参数〔如叶面积系数（LAI）、生物量、植物种类、冠层结构、净生产率等〕、生物化学参数（如光合色素、各种糖类、淀粉、脂肪、蛋白质和各种营养元素等）的分析技术，是农业遥感中十分重要的内容。这些分析技术结果的好坏取决于所采用的具体的分析技术和方法、高光谱数据特性及其质量。针对于水稻高光谱数据分析，一般采用以下分析技术和方法。

8.1 多元统计分析技术

多元统计分析技术是植被和农作物高光谱研究中最为广泛采用的研究技术之一，它以高光谱数据或它们的变换形式（如原始光谱反射率、一阶高阶导数光谱、原始光谱反射率的对数变换、各种植被指数、反射率倒数的对数变换等）作为自变量，以植被或农作物的生物物理、生物化学参数（如叶面积系数、生物量、产量、叶绿素含量、蛋白质含量、淀粉含量、纤维素含量、氮含量、磷含量、钾含量等）作为因变量，建立多元回归估算（预测）模型。多元统计分析通常分统计回归模型建立和回归模型的检验两部分，一般在采集的实测样品中，一部分用来建立统计回归模型，另一部分用来检验所建立的回归模型的精度。

在高光谱植被研究中，许多研究者采用多元统计分析方法来估计和预测生物物理、生物化学参数，并且取得了较好的效果。针对水稻光谱，国内外众多学者采用多元统计分析方法来研究水稻叶面积系数、生物量、产量、色素含量等与其光谱的相关性，并建立了许多回归估测模型。如 Shibayama 等（1991）研究发现用成熟期冠层光谱反射率（R）的二阶导数计算的归一化差值植被指数来进行多季节估产的精确性和稳定性都比用 R 和 $\lg(1/R)$ 的平滑差值或二阶导数来估产的效果好，估测产量的决定系数（r^2）在 0.7 以上；Casanova 等（1998）用大田水稻冠层光谱的植被指数［比值植被指数（RVI）、归一化植被指数（NDVI）、重量差值植被指数（WDVI）、垂直植被指数（PVI）］来估测生物量（$r^2 = 0.97$）和叶面积系数（$r^2 = 0.67$），并计算水稻冠层的光合有效辐射分量 f_{PAR}；Shibayama 等（1989，1993）研究表明用水稻冠层光谱的反射率之比 R_{840}/R_{560}、R_{1100}/R_{840} 来估测叶面积系数，r^2 达 0.71，用 $R_{1100} - R_{1650}$、$R_{1100} - R_{1200}$、R_{840}/R_{560}、R_{1100}/R_{840} 估算地上干生物量，r^2 达 0.93，发现 960 nm 处的一阶导数光谱与水稻冠层含水量显著相关；Vaesen 等（2001）研究表明通过反射光谱来监测水稻冠层状况，发现用单一的近红外波段的调节植被指数估测 $\lg(LAI)$ 的 r^2 可达 0.93；Inoue 等（2001）从水稻冠层的高光谱数据来估测其生态生理状态，发现水稻叶片的氮素和叶绿素含量可由可见光和近红外区域内高光谱数据的多元回归模型估算，并认为高光谱反射率对估测水稻叶片和冠层的生

态及生理变量具有很大优势，并在 400～900 nm 用分辨率为
3～5 nm 的水稻冠层高光谱影像的 3 次幂来估计叶片的氮素
和叶绿素含量，结果显示叶片鲜重和氮素含量不一样的水稻
冠层光谱在近红外部分差异显著，估测氮素和叶绿素含量的
r^2 分别达 0.72 和 0.86；Lacapra 等（1996）用成像光谱仪
监测水稻叶片的氮和木质素含量，发现木质素与 $\lg(1/R)$
的相关性（$r^2 = 0.44$）要差于氮（$r^2 = 0.74$）；吴长山等
（2000）用 762 nm 处反射率的一阶导数来估测水稻叶绿素密
度，精度可达 80.6%；杨长明等（2001）研究得水稻叶片
氮素含量与 1 376 nm 处的冠层光谱反射率有最大的负相关
（$r = -0.581$）；刘伟东（2000）、王秀珍（2002）等用逐步
回归方法研究表明一阶微分光谱能够改善光谱数据与叶面积
系数、叶绿素密度的相关性。

8.2　基于光谱特征位置变量的分析技术

　　不同于多元统计方法，基于光谱特征位置变量的分析技
术是根据波长变化量或相应的参数变量（自变量）与生物物
理和生物化学参量（因变量）的关系来估计因变量的，一般
是通过高光谱数据进行某种变换（如求导、求对数等）来寻
找植被光谱的特征位置，也可直接通过高光谱数据来寻找这
些特征位置，这类分析技术用得最多的是红边，其次还有绿
峰、黄边、蓝边、红谷及其他特征吸收谷等。
　　目前，国内外对植物红边特征研究较多，但绿峰、黄
边、蓝边、红谷及其他特征吸收谷的特征研究较少。Curran
（1990）、Miller(1991)、Filella(1994) 等研究表明红边位置

和形状可反映植物的叶绿素、生物量及含羟基状况；Takebe 等（1990）研究表明红边特征可反映植物的氮素状况；Gupta(2001)、Broge(2002)、赵春江等（2002）研究了冬小麦的红边特征及其与叶绿素、生物量等农学参数的相关性；Eiji 等（2002）研究了森林"三边"光谱的季节变化；浦瑞良和宫鹏（2000）探讨了"三边"参数在评估植物叶片营养成分方面的潜力；Kokaly 和 Clark(1999)研究了干叶片在 1 730 nm、2 100 nm 和 2 300 nm 的吸收谷特征，并通过多元线性回归法建立生化组分的估算模型。Shibayama 等（1991）研究表明可通过水稻红边参数来进行估算产量；王秀珍等（2001，2002）研究表明水稻红边参数与某些农学参数具有显著相关性，通过提取红边参数可提高水稻农学参数的光谱法测量精度。

8.2.1 光谱匹配技术

光谱匹配技术是用已知物体的特征光谱来与未知目标物的光谱作匹配比较，以求出它们之间的相似性或差异性，从而对目标物光谱作详细分析的一种光谱分析技术。它包括目标物光谱对参考光谱的匹配及目标物光谱与光谱数据库的比较两种情形。在现有光谱数据库不完善的情况下，直接将目标物光谱与参考光谱进行比较是最常用的一种光谱匹配技术，其中以交叉相关光谱匹配技术（Meer et al, 1997）的匹配效果较好。这种技术通过计算目标物光谱（测量光谱）和参考光谱（实验室光谱）在不同光谱位置（波段或波长）的交叉相关系数，绘制出交叉相关曲线图，对所得的交叉相关系数进行 t 检验或计算调整偏度（AS_{ke}），以此判断测量光谱与参考光谱的匹配性。一个测量光谱与一个参考光谱在每个光谱匹配位置（m）的交叉相关系数（r_m）等于它们对应波段的线性相关系数，即：

$$r_m = \frac{n\sum R_r R_t - \sum R_r \sum R_t}{\sqrt{\left[n\sum R_r^2 - \left(\sum R_r\right)^2\right] \cdot \left[n\sum R_t^2 - \left(\sum R_t\right)^2\right]}}$$

式中，R_t、R_r 分别为测量和参考光谱，n 为两光谱对应波段数（即重合波段数），m 为光谱匹配位置（即光谱错位波段数）。对 r_m 可以进行 t 检验或计算调整偏度（AS_{ke}）.

$$t = r_m \sqrt{\frac{n-2}{1-r_m^2}}$$

$$AS_{ke} = 1 - \frac{|r_{m^+} - r_{m^-}|}{2}$$

式中，$n-2$ 为自由度，r_{m^+}、r_{m^-} 分别表示向长波方向和向短波方向移动 m 个波段时所得到的交叉相关系数。

相应于光谱匹配技术，某些时候需要将目标物的混合光谱加以分解，以确定在混合光谱中不同组分所占的比例或者识别在已知组分中外加的其他组分。理论上，在一种光谱确定的物质中加入其他组分时，光谱的特征参数（如波长位置、波段深度、宽度、面积和吸收反射程度）会发生改变，这为用光谱法对目标物中的组分识别提供可能。但混合光谱分解技术有两个关键问题：一是要找出一组成分纯的化学物质的光谱或已知组分混合比例的目标物的光谱；二是要修正从纯组分光谱到混合组分光谱因条件不同而带来的光谱变化。目前，国内外还未见根据光谱匹配技术来分析水稻光谱变化及其生化组分的报道。

8.2.2 光学模型方法

应用多元统计分析技术和基于光谱变量位置的分析技术对高光谱遥感数据进行分析,最终目的是建立经验性的统计模型来预测或估算目标物的生物物理、生物化学参数,它具有模型灵活、相关性较好的优点,但对不同的数据源需要重新拟合参数,不断调整模型的缺点,这种技术很难得到普适性的遥感估测模型,另外它还存在过度拟合的缺点。针对不同的农作物和植被,为了建立普适的遥感估测模型,基于光学辐射传输理论,国内外学者建立了大量的光学辐射传输模型(Li et al,1986;李小文,1989;Kuusk,1995;Dungan et al,1996;Fourty et al,1996;Caetano et al,1997;Asner,1998;Dawson et al,1998)。一般辐射传输模型可表示为:

$$R = F(\lambda, \theta_s, \psi_s, \theta_v, \psi_v, C)$$

式中,λ 为波长,θ_s 和 ψ_s 为太阳天顶角和方位角,θ_v 和 ψ_v 为观测天顶角和方位角,C 是一组关于植被冠层的物理特性参数,包括植被类型(种类)、生长姿态、受干扰程度、叶—枝—花—穗的比例与总量、盖度、叶倾角、叶片分布等。

光学辐射传输模型具有普适性强、用途广的优点,通过它向前可以计算叶片或冠层的反射率和透射率,向后反演可以用来估计生物物理、生物化学参数,还可以用来计算冠层的双向反射特征。这类模型不仅有助于加深对各类植被的辐射特性的理解,而且还能将其反演以获得植被冠层生物物理和生物化学参数,在高光谱遥感中更有活力和前途。目前研究较多且比较常用的光学辐射传输模型主要有 SAIL 模型、PROSPECT 模型（Jacquemoud et al，1990；Fourty et al，1996）、LIBERTY 模型（Dawson et al，1998）。PROS-PECT 模型以叶肉组织内部结构、叶绿素 a 和叶绿素 b 浓度及叶片水分厚度 3 类参数为自变量，可用来模拟 0.4～2.5 μm的叶片光学性质；SAIL 模型以叶片反射率、透射率、叶面积系数、叶倾角、太阳散射辐射分量等参数为自变量，主要用来反演不同的生物物理参数，也可用来反演叶绿素含量、水分含量等生物化学参数；LIBERTY 模型不仅可以反演生物物理参数，而且还可反演氮含量、叶绿素含量、木质素和纤维素等生物化学参数。

　　目前，国内外对水稻的光学模型研究还较少，Casanova 等（1998，2000）利用 ORYZA1 模型来模拟地中海地区的水稻长势；Yang 等（1999）根据水稻反射光谱特征来模拟其生长过程；Kelley 等（1998）研究了基于水稻双向 BDRF 的反射率演示模型；Kushida 等（1996）根据辐射传输理论用 Monte Carlo 方法来计算水稻冠层的结构参数；李云梅等（2002）通过 PROSPECT 模型，建立水稻叶片反射率模拟模型，利用 FCR 模型模拟了水稻冠层二向反射率，用 POWELL 法反演水稻冠层结构参数，最好精度大于 90%；申广荣等（2001，2002）建立了水稻多组分双向反射模型，并通过神经网络方法来计算，模拟出水稻冠层的"热点"分布规律。

第9章 高光谱参数及其提取方法

为了探究目标物吸收反射光谱的特征，便于对目标物进行光谱匹配和混合光谱分解，以解释目标物光谱特征的物理学、生物化学、植物学和植物生理学的机理，进而求得目标物的生物物理和生物化学参数，常常需要提取目标物光谱的一些参数，以这些参数来鉴别目标物的各组分及模拟、反演它的生物物理、化学参数。常见的高光谱参数有各类高光谱植被指数、各类高光谱数据变换形式（如对数变换、微分变换）构建的光谱参数、光谱吸收指数、蓝边参数、红边参数、绿峰参数、黄边参数、红光吸收谷参数等。

9.1 高光谱植被指数

植被指数（VI）可用来估测植被的一系列生物物理和生物化学参数，如叶面积系数、植被覆盖度、生物量、光合有效辐射吸收系数、叶绿素、植物营养元素等。在水稻的高光谱遥感中，由于光谱的近似连续性，常见的多光谱植被指数（通常表述为近红外波段和可见光波段反射率的差值或比值的组合）已不再适用，这时一般应按高光谱方法来构建新的高光谱植被指数，如某一波长 λ_0 的归一化植被指数（NDVI）、比值植被指数（RVI）、垂直植被指数（PVI）（陈述彭，1998）可分别表示为：

$$NDVI = \frac{R(\lambda_0 + \Delta\lambda) - R(\lambda_0 - \Delta\lambda)}{R(\lambda_0 + \Delta\lambda) + R(\lambda_0 - \Delta\lambda)} = \left[\frac{1}{2R(\lambda)} \cdot \frac{dR}{d\lambda}\right]_{\lambda_0}$$

$$PVI = \left[\frac{1}{\sqrt{a^2 - 1}} \cdot \frac{dR}{d\lambda}\right]_{\lambda_0}$$

$$RVI = \frac{R(\lambda_0 - \Delta\lambda)}{R(\lambda_0 + \Delta\lambda)} = \left[1 - \frac{1}{2R(\lambda)} \cdot \frac{dR}{d\lambda}\right]_{\lambda_0}$$

式中，$R(\lambda)$ 表示波长为 λ 处的光谱反射率，$\Delta\lambda$ 为光谱仪光谱采样间隔。

当然，除上述植被指数外，也可参照多光谱植被指数的构建方法来构建任意两个波段的高光谱植被指数，如：

$$DVI_{ij} = R(\lambda_j) - R(\lambda_i)$$

$$RVI_{ij} = \frac{R(\lambda_j)}{R(\lambda_i)}$$

$$NDVI_{ij} = \frac{R(\lambda_j) - R(\lambda_i)}{R(\lambda_j) + R(\lambda_i)}$$

式中，λ_i、λ_j 分别表示波段 i、j 处的高光谱反射率，一般情况下，波段 i、j 的选择是根据目标物光谱的吸收反射特征来确定。在水稻高光谱研究中，波段 i、j 常常是选择那些吸收谷、反射峰和光谱曲线的拐点。

9.2　高光谱数据的变换

在实际分析处理高光谱数据的过程中，为了剔除背景、大气散射的影响和提高不同吸收特征的对比度，常常需要对原始高光谱数据进行各种变换。常用的高光谱变换形式主要有微分变换、对数变换及对数的微分变换、傅立叶变换等。

高光谱数据微分变换的结果一般是求导数光谱，尽管高光谱遥感具有光谱的连续性，但由于光谱实际采样间隔的离散性，因此，导数光谱一般是用差分方法来近似计算（Tsai et al，1998）：

一阶导数光谱 $\quad R'(\lambda_i) = \dfrac{\mathrm{d}R(\lambda_i)}{\mathrm{d}\lambda} = \dfrac{R(\lambda_{i+1}) - R(\lambda_{i-1})}{2\Delta\lambda}$

二阶导数光谱

$$R''(\lambda_i) = \frac{\mathrm{d}^2 R(\lambda_i)}{\mathrm{d}\lambda^2} = \frac{R'(\lambda_{i+1}) - R'(\lambda_{i-1})}{2\Delta\lambda}$$

$$= \frac{R(\lambda_{i+2}) - 2R(\lambda_i) + R(\lambda_{i-2})}{4(\Delta\lambda)^2}$$

式中，λ_i 是波段 i 的波长值、$R(\lambda_i)$ 是波长 λ_i 的光谱值（如反射率、透射率等），$\Delta\lambda$ 是波长 λ_{i-1} 到 λ_i 的差值，由光谱采样间隔决定。除上述导数差分计算方法外，也可根据光谱曲线形状采用其他差分计算形式，如一阶导数光谱也可表述为：

$$R'(\lambda_i) = \frac{\mathrm{d}R(\lambda_i)}{\mathrm{d}\lambda} = \frac{\displaystyle\sum_{j=i+1}^{i+3} R(\lambda_j) - \sum_{j=i-3}^{i-1} R(\lambda_j)}{3 \times 4\Delta\lambda}$$

导数光谱的主要应用有提取不同的光谱参数（如波长位置、波段深度和高度）、分解重叠的吸收波段和提取各种目标参数，它可部分或全部消除背景和大气散射光谱对目标物光谱的影响。设 $R_1(\lambda)$、$R_2(\lambda)$ 分别为目标物光谱和背景及大气散射的光谱，测混合光谱反射可表示为：

$$R(\lambda) = \alpha R_1(\lambda) + (1-\alpha)R_2(\lambda)$$

式中，α 是加权平均系数。

对混合光谱反射公式分别求一阶、二阶导数得：

$$R'(\lambda) = \alpha \frac{\mathrm{d}R_1(\lambda)}{\mathrm{d}\lambda} + (1-\alpha)\frac{\mathrm{d}R_2(\lambda)}{\mathrm{d}\lambda}$$

$$R''(\lambda) = \alpha \frac{d^2 R_1(\lambda)}{d\lambda^2} + (1-\alpha) \frac{d^2 R_2(\lambda)}{d\lambda^2}$$

如果 $R_2(\lambda)$ 可表示为线型或二次型：

$$R_2(\lambda) = a_1 + b_1 \lambda$$

$$R_2(\lambda) = a_2 + b_2 \lambda + c_2 \lambda^2$$

则一阶、二阶导数光谱分别为：

$$R'(\lambda) = \alpha \frac{dR_1(\lambda)}{d\lambda} + (1-\alpha) b_1$$

$$R''(\lambda) = \alpha \frac{d^2 R_1(\lambda)}{d\lambda^2}$$

$$R'(\lambda) = \alpha \frac{dR_1(\lambda)}{d\lambda} + (1-\alpha)(b_2 + 2c_2 \lambda)$$

$$R''(\lambda) = \alpha \frac{d^2 R_1(\lambda)}{d\lambda^2} + 2(1-\alpha) c_2$$

从上述公式可以看出，一阶导数光谱可部分消除线型和二次型背景噪声光谱；二阶导数光谱可完全消除线型背景噪声光谱影响，能基本消除二次型背景噪声光谱。当然，实际的背景光谱（特别是野外）要复杂得多，但仍可用高阶导数光谱来消除，如四阶导数可消除大气中瑞利散射造成的影响。除此之外，导数光谱还可对某些重叠混合光谱进行分解以便于识别。

对数变换一般是对原始光谱反射率（R）直接求对数 $\lg R$ 或求 R 倒数的对数 $\lg(1/R)$，它们的导数分别为：

$$[\lg R(\lambda_i)]' = \frac{d\lg R(\lambda_i)}{d\lambda} = \frac{1}{R(\lambda_i) \ln 10} \cdot \frac{dR(\lambda_i)}{d\lambda}$$

$$[\lg(1/R)]' = \frac{d\lg[1/R(\lambda_i)]}{d\lambda} = -\frac{1}{R(\lambda_i) \ln 10} \cdot \frac{dR(\lambda_i)}{d\lambda}$$

由于可见光区一般植被原始光谱反射率值较低，经对数变换后，不仅可以增强可见光区的光谱差异，而且还能减少因光照条件变化引起的乘性因素影响。除上述变换外，有时还对原始光谱反射率（R）作归一化变换：

$$N[R(\lambda_i)] = \frac{R(\lambda_i)}{\frac{1}{n}\sum_{i=1}^{n}R(\lambda_i)}$$

$$\{N[R(\lambda_i)]\}' = \frac{\mathrm{d}N[R(\lambda_i)]}{\mathrm{d}\lambda} = \frac{n}{\sum R(\lambda_i)} \cdot R'(\lambda_i)$$

上式中的求和是对某一连续波段求和，为避免经过变换后的值太小，计算中以平均值来代替总值。

Fourier 变换是近年来分析光谱数据的一种新方法，较多地用于成像光谱的象元转换与分类、灰度计算等方面。高光谱数据的 Fourier 变换是将高光谱反射率函数 $R(\lambda)$ 通过 Fourier 变换成 Fourier 光谱函数：

$$R(\omega) = \int_{-\infty}^{+\infty}R(\lambda)\mathrm{e}^{-i\omega\lambda}\mathrm{d}\lambda$$

由于实际光谱采样的离散性和光谱范围的区域性，$R(\omega)$ 的计算一般是通过求和方式来代替：

$$R(\omega) = \sum_{\lambda_1}^{\lambda_2}R(\lambda)\mathrm{e}^{-i\omega\lambda}\Delta\lambda$$
$$= \sum_{\lambda_1}^{\lambda_2}R(\lambda)\cos(\omega\lambda)\Delta\lambda - i\sum_{\lambda_1}^{\lambda_2}R(\lambda)\sin(\omega\lambda)\Delta\lambda$$

式中，λ_1、λ_2 为光谱仪波段的下、上限值，$\Delta\lambda$ 为光谱采样间隔。一般情况下，将变换后 Fourier 光谱函数的第一项称为 Fourier 光谱，即：

$$R_F(\omega) = \sum_{\lambda_1}^{\lambda_2}R(\lambda)\cos(\omega\lambda)\Delta\lambda$$

试验发现，Fourier 光谱能较好地分离蛋白质、淀粉和聚二烯的吸收峰，也可用来探测细胞结构和水稻的氮素营养状况（Irudayaraj et al，2002；Zhou et al，2002）。水稻的高光谱曲线还可用 Fourier 级数来拟合：

$$R(\lambda) = \frac{R_0}{2} + \sum_{k=1}^{\infty} (a_k \cos k\lambda + b_k \sin k\lambda)$$

试验结果表明，Fourier 级数的常数项和各次系数与水稻冠层光谱植被指数［比值植被指数（RVI）、归一化植被指数（NDVI）、垂直植被指数（PVI）］和绿度（GVI）及地上鲜生物量、地上干生物量、叶面积系数、叶绿素密度、叶片含氮量等都有较好的相关性（沈掌泉等，1993）。

9.3 光谱吸收指数

光谱吸收指数（SAI，王晋年等，1999）可用来判定混合光谱中各组分的相对含量。任意一条实际反射光谱的吸收特征可以看做是在一条基础光谱线上叠加了数个个别吸收特征，这条基础光谱线可看成是背景吸收线，主要由目标物的结构、生物量、生化组分的吸收共性等因素决定，个别吸收特征是由某些特定的生化组分的吸收特征决定的。光谱吸收谷曲线可以看成是某些生化组分的强吸收峰向两侧延展的吸收翼造成的，由光谱吸收谷点 M 与光谱吸收两个肩部 S_1 和 S_2 组成，对高分辨率光谱而言，S_1、S_2、M 一般是位于连续光谱线上不同位置，吸收谷点 M 与连接两个肩的"非吸收基线"的距离称为光谱吸收深度（H），以 R_{S_1}、λ_{S_1} 为吸收左肩端 S_1 的反射率和波长位置，R_{S_2}、λ_{S_2} 为吸收左肩端 S_2 的反射率和波长位置，R_M、λ_M 为吸收谷点的反射率和波长位置，这样，吸收波段宽度 W、吸收的对称性参数 d、吸收肩端反射率差值 ΔR_S 和非吸收基线方程可分别表示为：

$$W = \lambda_{S_2} - \lambda_{S_1}$$

$$d = \frac{\lambda_{S_2} - \lambda_M}{W}$$

$$\Delta R_S = R_{S_2} - R_{S_1}$$

$$R = R_{S_1} + \frac{\Delta R_S}{W}(\lambda - \lambda_{S_1})$$

据此，可定义光谱吸收指数（SAI）：

$$SAI = \frac{dR_{S_1} + (1-d)R_{S_2}}{R_M}$$

研究表明，光谱反射率 $R(\lambda)$ 不能直接线性混合，难于进行混合光谱分解与组分含量反演，而单次平均散射反照率（$\bar{\omega}$）则主要依赖于组分含量，而且可以线性混合，因此，光谱吸收指数又可表示为：

$$SAI = \frac{d\bar{\omega}_{S_1} + (1-d)\bar{\omega}_{S_2}}{\bar{\omega}_M}$$

光谱理论分析表明 SAI 从本质上表达了地物光谱吸收系数的变化特征，SAI 通过非吸收基线方程和比值处理可剔除非吸收物质的光谱贡献，用来测定某一特定波长的相对光谱吸收深度，进而推算特定组分的含量。某一特定波长的相对吸收深度 D_λ 是此波长处的非吸收基线数值减去实际光谱反射率，表示为：

$$D_\lambda = R_{S_1} + \frac{R_{S_2} - R_{S_1}}{\lambda_{S_2} - \lambda_{S_1}}(\lambda - \lambda_{S_1}) - R(\lambda)$$

归一化吸收深度 D_N 是波长 λ 处的 D_λ 除以最大相对吸收深度 D_m：

$$D_N = \frac{D_\lambda}{D_m}$$

相对于非吸收基线数值的相对反射率 R_c 是吸收谷处某一波长的实际光谱反射率 $R(\lambda)$ 除以同波长的非吸收基线值 R：

$$R_c = \frac{R(\lambda)}{R_{S_1} + \frac{\Delta R_S}{W}(\lambda - \lambda_{S_1})} = \frac{(\lambda_{S_2} - \lambda_{S_1})R(\lambda)}{(R_{S_2} - R_{S_1})\lambda + R_{S_1}\lambda_{S_2} - R_{S_2}\lambda_{S_1}}$$

吸收谷的左右端点 S_1、S_2 的相对反射率为 1，在 S_1、S_2 之间其他各处的相对反射率均小于 1。由非吸收基线，可以计算吸收谷的面积 S_A：

$$S_A = \int_{\lambda_s}^{\lambda_s} D_\lambda \, d\lambda \approx \sum_{S_1}^{S_2} D_\lambda \Delta\lambda$$

Kokaly(1999)、Zhang(2010) 等运用基于连续统去除的光谱反射、吸收特征法（即求归一化吸收深度 D_N）来估算干叶片中氮、纤维素和木质素的积累量，然后得出回归方程用以估测其含量，该方法经试验验证，效果较好，且可运用于不同植被。

9.4　"三边"参数、绿峰参数和红光吸收谷参数

植被光谱的"三边"是指它的蓝边、黄边和红边，描述"三边"特征的参数主要有三边位置、三边幅值和三边面积。

红边是绿色植物光谱最明显的特征之一，它定义为红光范围（680～760 nm）内反射光谱的一阶导数的最大值所对应的光谱位置（波长），描述红边的参数一般有红边位置（红光范围内一阶导数光谱最大值所对应的波长）λ_r、红边

幅值（红光范围内一阶导数光谱的最大值）D_λ和红边面积（680～760 nm 的一阶导数光谱线所包围的面积）S_r。试验发现，红边位置依据叶绿素含量、生物量和物候变化沿长波或短波方向移动（Curran et al，1995；Gitelson et al，1996；Bach et al，1997）。当绿色植物叶绿素含量增加、生长活力旺盛时，红边位置会向红外方向偏移（即红移）；当植物由于感染病虫害或因污染或物候变化而失绿时，红边位置会向短波方向偏移（即蓝移）。红边位移除受植物长势、病虫害、季节性影响外，还受植物年龄的影响。红边有其独特性：①红边现象是绿色植被最明显的光谱特征；②红边现象在岩石、土壤和大部分植物凋落物中是不存在的；③红边位置变化区域正好位于太阳高照度区。由于红边是绿色植物的可诊断性特征，因此在高光谱分析中可以通过红边来减弱或消除混合背景（岩石、土壤、水和凋落物）的影响。

红边参数一般是直接通过对实测高光谱数据求一阶导数而得到：

$$D_{\lambda_r} = MAX[R'(\lambda)_{\lambda=680\sim760\ nm}]$$

$$S_r = \int_{680}^{760} R'(\lambda)\,\mathrm{d}\lambda = \int_{680}^{760}\mathrm{d}R(\lambda) = R_{760} - R_{680}$$

或：

$$S_r = \sum_{\lambda=680}^{760} R'(\lambda)$$

另外也可通过 Miller 等（1990）的反高斯红边光学模型（IG 模型）来求得。IG 模型建议红边（670～800 nm）反射光谱曲线可用一条半反高斯曲线来逼近：

$$R(\lambda) = R_S - (R_S - R_0)\exp\left[\frac{-(\lambda_0 - \lambda)^2}{2\sigma^2}\right]$$

式中，R_S 是近红外区域肩反射值（最大），R_0 是红光区域（680～760 nm）的最小反射值，λ_0 是对应 R_0 的波长，σ 是高斯函数标准差系数。拟合 IG 模型可用线性拟合和最佳迭代拟合两种方法来得到模型参数（Miller et al，1990）。

黄边也是绿色植被的光谱特征之一，覆盖范围为 560～640 nm，是绿光向红光的过渡区。描述黄边的参数同样有黄边位置（560～640 nm 一阶导数光谱最大值所对应的波长）λ_y、黄边幅值（560～640 nm 一阶导数光谱的最大值）D_{λ_y} 和黄边面积（560～640 nm 的一阶导数光谱线所包围的面积）S_y。

蓝边也是绿色植被的光谱特征之一，覆盖范围为 490～530 nm，是蓝光向绿光的过渡区。描述蓝边的参数同样有蓝边位置（490～530 nm 一阶导数光谱最大值所对应的波长）λ_b、蓝边幅值（490～530 nm 一阶导数光谱的最大值）D_{λ_b} 和蓝边面积（490～530 nm 的一阶导数光谱线所包围的面积）S_b。

三边参数与植被的色素含量、营养成分氮、磷、钾含量有关。植被冠层光谱的红边一般存在双峰现象，但对蓝边、黄边未见双峰报道。

绿峰是绿色植被在绿光范围（510～560 nm）反射峰所处的光谱位置，它是由植物中的色素对蓝光和黄光的强吸收而在绿光区形成的相对反射峰。描述绿峰的参数有绿峰幅值 R_g（绿光范围内最大的波段反射率）和绿峰位置 λ_g（R_g 对应的波长）。试验发现，当植物生长健康、处于生长期高峰、叶绿素含量高时，绿峰位置向蓝光方向偏移，绿峰幅值减小；当植物因病虫害、物候变化或营养不良而失绿时，绿峰位置向红光方向偏移、绿峰幅值增大。在波长 500～680 nm 的植被光谱反射率具有位于绿光区最大光谱反射率及反射光谱峰值稍微有点偏向长波方向的特性。绿峰参数的获得也有两种方法：一是直接从反射高光谱数据中查找，二是从植被可见光光谱反射率（VVSR）模型（Feng et al，1991）中拟合求出。VVSR 模型的数学表达式如下：

$$R(\lambda) = R_0 + (R_g - R_0)\exp\left\{-C\left[\ln\left(1 + \frac{\lambda - \lambda_g}{F_C}\right)\right]^2\right\}$$

$$F_C = \sqrt{2}\,(\Delta\lambda)$$

式中，是 R_g 绿峰幅值，λ_g 是绿峰位置，R_0 是红光最小反射率，C 是曲线拟合系数，F_C 是从 500 nm 到 λ_0（对应 R_0 的波长）的光谱半宽系数。试验发现，绿峰参数和植物叶片的叶绿素含量有很好的相关性。

红光吸收谷也是绿色植被的特征之一，它是由植被叶绿素的强吸收在 650～690 nm 的红光范围内所形成的低谷，描述红光吸收谷的参数有红光吸收谷幅值 R_{rw}（650～690 nm 范围内最小的波段反射率）和红光吸收谷位置 λ_{rw}（R_{rw} 对应的波长）。

第10章 高光谱诊断模型的构建

10.1 主要回归模型概述

为了通过光谱方法来估测水稻的生物物理、生物化学参数，需要建立由水稻高光谱变量来估测其生物物理和生物化学参数的回归估算模型和光谱反演模型。根据研究对象不同，研究采用的回归模型也不一样。本研究中拟采用的回归模型主要有：

（1）单变量线性模型
$$y = a + bx$$

（2）单变量对数模型
$$y = a + b\ln x$$

（3）单变量指数模型
$$y = ae^{bx}$$

（4）单变量抛物线模型
$$y = a + bx + cx^2$$

（5）多变量逐步回归模型
$$y = a_0 + a_1 x_1 + a_2 x_2 + \cdots + a_i x_i + \cdots$$

式中，y 代表生物物理、生物化学参数的拟合值，x 和 x_i 代表高光谱变量，a、b、c 和 a_i 代表回归常数、回归系数及偏回归系数。

在多变量逐步回归中，由于各光谱变量之间的非相互独立性，应从多个光谱变量中挑选那些对因变量 y 方差贡献最大的光谱变量，同时这些光谱变量对因变量的作用是显著的。在每一次挑选光谱变量时，应对当次回归方程中所选用的自变量作显著性检验，及时剔除那些不重要的光谱变量。理论上，用逐步回归技术可以找到与因变量 y 具有最大相关的自变量 x，它有最高的估测精度（表 10-1）。

表 10-1　几种回归模型的比较

模　型	适用范围	主要优点	主要缺点
线性模型	因变量与自变量高度线性相关	关系简单明确、外推方便	忽略非线性影响因素，将因变量的变化趋势简单化
对数模型指数模型	因变量与自变量之间不存在明显的线性相关关系	比较符合多数农学参数的变化规律、估测精度较高	计算复杂，外推易出现错误结果
抛物线模型	因变量具有单峰值	关系较简单，能反映某些农学参数的变化规律	忽略峰值两边变化趋势的不同
逐步回归模型	因变量与多个自变量	可得到最佳估测模型	自变量的选择及其数目确定

10.2　基于主要高光谱变量的模型

　　本研究所使用的高光谱变量主要有原始光谱反射率、各类高光谱植被指数、一阶导数光谱、"三边"参数、绿峰参数、红谷参数、吸收谷特征参数等，其定义见表 10-2。

表 10 - 2　主要高光谱特征变量

编号	光谱变量	名　　称	定义和描述
		基于光谱位置的变量	
1	R_i	光谱反射率	原始光谱中波段 i 处的反射率数值
2	D_{λ_i}	一阶导数光谱	波段 i 处的一阶导数光谱数值
3	D_{λ_b}	蓝边幅值	覆盖范围为 490～530 nm，D_{λ_b} 是蓝边内一阶导数光谱的最大值
4	λ_b	蓝边位置	D_{λ_b} 所对应的波长位置（nm）
5	D_{λ_y}	黄边幅值	覆盖范围为 560～640 nm，D_{λ_y} 是黄边内一阶导数光谱的最大值
6	λ_y	黄边位置	D_{λ_y} 所对应的波长位置（nm）
7	D_{λ_r}	红边幅值	覆盖范围为 680～760 nm，D_{λ_r} 是红边内一阶导数光谱的最大值
8	λ_r	红边位置	D_{λ_r} 所对应的波长位置（nm）
9	R_g	绿峰反射率	覆盖范围为 510～560 nm，R_g 是绿光范围内最大的光谱反射率
10	λ_g	绿峰位置	R_g 所对应的波长位置（nm）
11	R_{rw}	红谷反射率	覆盖范围为 650～690 nm，R_{rw} 是红光范围内最小的光谱反射率
12	λ_{rw}	红谷位置	R_{rw} 所对应的波长位置（nm）
13	D_i	相对吸收深度	吸收谷内波长 i 处非吸收基准线数值减去实际光谱反射率
14	R_C	相对反射率	吸收谷内某一波长处非吸收基准线数值除以实际光谱反射率
		基于光谱面积的变量	
15	S_b	蓝边面积	490～530 nm 的一阶导数光谱曲线所包围的面积

（续）

编号	光谱变量	名　　称	定义和描述
16	S_y	黄边面积	$560\sim640$ nm 的一阶导数光谱曲线所包围的面积
17	S_r	红边面积	$680\sim760$ nm 的一阶导数光谱曲线所包围的面积
18	S_g	绿峰面积	$510\sim560$ nm 原始光谱曲线所包围的面积
19	S_A	吸收谷面积	吸收谷基准线与光谱曲线所包围的面积（nm）
		基于高光谱 VI 变量	
20	DVI_{ij}	差值植被指数	波段 j 光谱反射率 R_j 与波段 i 光谱反射率 R_i 之差
21	RVI	比值植被指数	波段 j 光谱反射率 R_j 与波段 i 光谱反射率 R_i 之比
22	$NDVI$	归一化差值植被指数	波段 j 光谱反射率 R_j 与波段 i 光谱反射率 R_i 的归一化值
23	RVI_i	差值植被指数	波段 i 处的高光谱差值植被指数
24	$NDVI_i$	归一化差值植被指数	波段 i 处的高光谱归一化差值植被指数
25	D_N	归一化吸收深度	波长 λ 处 D_λ 与此吸收谷最大相对吸收深度 D_m 的比值
26	SAI	光谱吸收指数	某一吸收谷的光谱吸收指数
27	R_g/R_{rw}		绿峰反射率 R_g 与红谷反射率 R_{rw} 之比
28	S_r/S_b		红边面积 S_r 与蓝边面积 S_b 之比
29	S_r/S_y		红边面积 S_r 与黄边面积 S_y 之比
30	S_{Ai}/S_{Aj}		吸收谷 A_i 与吸收谷 A_j 的面积之比

10.3　基于原始光谱与一阶导数光谱的特征波段的选择

　　试验证明，在生长发育的不同阶段，植被在可见光、近红外谱段的反射率有很大差异，这是由植株体内色素浓度、叶片细胞结构、含水量、株型变化、冠层结构等的变化引起的。植被指数就是选用多光谱遥感数据经过加、减、乘、除等线性或非线性的分析运算，产生的对植物长势（如叶面积指数）、生物量等有一定意义的数值。但是，植被指数都不同程度地存在饱和现象，即随着绿色生物量达到一定程度后，植被指数不再增长，而处于饱和状态。饱和主要是由于比值的非线性转换过程引起，使得指数对红光反射率信号过度敏感，而红光波段对叶绿素的强吸收很快达到饱和。随着植被增加，蓝光、红光反射率增加，绿光和近红外反射率减小，而目前提出的数十种植被指数模型，大多只考虑了红光、近红外波段，未引入蓝光、绿光波段。

　　该部分研究利用色素吸收波段范围由弱到强、由强到弱的变化和一阶导数光谱强调细小的光谱细节，并且很适合提取和特定目标属性相关的光谱特征这一特点。利用一阶导数光谱，寻找光谱曲线突变点，选择色素吸收强弱变化的波段光谱构建植被指数来预测叶绿素和氮素含量。为构建叶绿素和氮素含量估算植被指数找到了新的方法。

　　叶绿素是所有绿色植物光合作用中最主要的物质，吸收除去绿光之外的所有可见光。由于叶绿素的吸光作用，绿色植被在 550 nm 附近出现强反射峰，蓝光区（450 nm）和红光区（680 nm）出现吸收谷。Curran(1989) 根据光谱与叶

片生化成分的相关性，在可见光和近红外区域选取了 44 个
特征吸收波段，概括出 5 个特征吸收波段（表 10 - 3）。

表 10 - 3　叶片生化成分的特征光谱

（引自 Curran，1989）

波段	波长（nm）	特　征
紫外/蓝光	350～500	色素强烈吸收
绿光	500～600	色素吸收减弱
红光	600～700	叶绿素强烈吸收
红边	700～740	强烈吸收和强烈反射过渡区
近红外	740～1 300	植被强反射区

红边发生在 700～740 nm，这一范围由叶绿素红光吸
收变化到叶绿素强反射，蓝边发生在由叶绿素强吸收变
化到低水平的色素吸收范围，黄边发生在由低水平色素
吸收变化到强吸收的范围内。利用色素吸收波段范围由
弱到强和由强到弱的变化，由于一阶导数光谱强调细小
的光谱细节，并且很适合提取和特定目标属性相关的光
谱特征。

10.3.1　基于叶片反射光谱的水稻氮素营养诊断植被指数及其模型

将一阶导数光谱曲线和光谱反射曲线对应，寻找导数光
谱曲线和反射光谱曲线对应的突变点，包括最大值、最小
值、零点等，选择三边 13 个波段光谱构建植被指数来预测
叶绿素和氮素含量（图 10 - 1），以蓝边、黄边和红边区域
特征波段反射光谱的植被指数：*BERI*、*RERI*、*YERI* 分别

定义为蓝边反射光谱指数、红边反射光谱指数和黄边反射光谱指数。分析叶绿素含量和光谱植被指数的相关性表明，$BERI$、$RERI$、$YERI$ 和叶绿素含量均呈现 0.01 水平极显著相关。这些植被指数中将有可能被用于氮素营养诊断。将上述植被指数用于水稻氮素含量预测中，构建了线性回归模型。利用实测值和预测值之间的相关分析进行检验，表明该模型预测水稻氮素养分含量均通过 0.01 水平极显著性检验（表 10 - 4、表 10 - 5）。

$$BERI = \frac{R_{553} - R_{516}}{R_{516} - R_{488}}$$

$$RERI = \frac{R_{765} - R_{700}}{R_{700} - R_{668}}$$

$$YERI = \frac{R_{668} - R_{x_i}}{R_{x_i} - R_{553}}$$

式中，R_{x_i} 代表下列波段的反射率：657 nm（R_{x_1}）、654 nm（R_{x_2}）、642 nm（R_{x_3}）、627 nm（R_{x_4}）、608 nm（R_{x_5}）、588 nm（R_{x_6}）、571. 32 nm（R_{x_7}）。

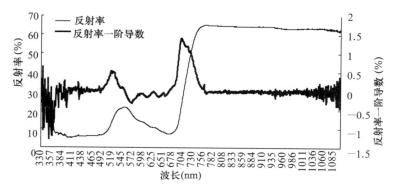

图 10 - 1 反射光谱及其一阶导数光谱

表 10-4 模型（构建模型的 $n=288$）应用性检验

（预测与实测值相关性，$n=41$）

（丙 9363、丙 9652）

模型预测 N(%)	分蘖期		孕穗期		抽穗期		灌浆期	
	相关系数	P	相关系数	P	相关系数	P	相关系数	P
$-19.363YERI1+3.924$	0.439**	0.00	0.419**	0.00	0.362**	0.00	0.453**	0.00
$-16.101YERI2+4.042$	0.429**	0.01	0.403**	0.00	0.340**	0.00	0.440**	0.00
$-8.63YERI3+4.427$	0.448**	0.00	0.499**	0.00	0.407**	0.00	0.536**	0.00
$-5.976YERI4+4.69$	0.487**	0.00	0.580**	0.00	0.526**	0.00	0.632**	0.00
$-3.577YERI5+5.007$	0.465**	0.00	0.579**	0.00	0.474**	0.00	0.618**	0.00
$-2.614YERI6+5.09$	0.459**	0.00	0.574**	0.00	0.461**	0.00	0.522**	0.00
$-2.183YERI7+5.089$	0.467**	0.00	0.595**	0.00	0.484**	0.00	0.639**	0.00
$0.711RERI+0.76$	0.669**	0.00	0.623**	0.00	0.475**	0.00	0.801*＊	0.00

表 10-5 模型（构建模型的 $n=288$）应用性检验（预测与实测值相关性）

（圣稻 13、临稻 11、阳光 200）

模型预测 N(%)	分蘖期		孕穗期		抽穗期		灌浆期	
	相关系数	n	相关系数	n	相关系数	n	相关系数	n
$-19.363YERI1+3.924$	0.559**	79	0.702**	24	0.785**	24	0.898**	24
$-16.101YERI2+4.042$	0.533**	79	0.716**	24	0.794**	24	0.887**	24

（续）

模型预测 N(%)	分蘖期		孕穗期		抽穗期		灌浆期	
	相关系数	n	相关系数	n	相关系数	n	相关系数	n
$-8.63YERI3+4.427$	0.580**	79	0.707**	24	0.789**	24	0.899**	24
$-5.976YERI4+4.69$	0.610**	79	0.689**	24	0.768**	24	0.916**	24
$-3.577YERI5+5.007$	0.564**	79	0.703**	24	0.790**	24	0.912**	24
$-2.614YERI6+5.09$	0.540**	79	0.707**	24	0.791**	24	0.912**	24
$-2.183YERI7+5.089$	0.551**	79	0.706**	24	0.787**	24	0.912**	24
$0.711RERI+0.76$	0.655**	79	0.650**	24	0.738**	24	0.910**	24

10.3.2　基于叶片透射光谱的水稻氮素营养诊断植被指数及其模型

利用一阶导数光谱曲线和透射光谱曲线对应，寻找导数光谱曲线和透射光谱曲线对应的突变点，包括最大值、最小值、零点等（图 10-2），以蓝边、黄边和红边区域特征波段透射光谱的植被指数：$BETI$、$RETI$、$YETI$ 分别定义为蓝边透射光谱指数、红边透射光谱指数和黄边透射光谱指数。叶绿素含量和光谱植被指数的相关性表明，$BETI$、$RETI$、$YETI$ 和叶绿素含量均呈现 0.01 水平极显著相关。逐步回归分析表明 $YETI_{610}$ 和 $YETI_{570}$ 预测叶绿素 a 和叶绿素总量预测模型预测叶绿素含量，其预测值和实测值之间拟合决定系数均在 0.7 以上。进一步研究构建了基于叶片透射光谱的植被指数 3 个（$RETI$、$YETI_{610}$、$YETI_{570}$），用于氮素营养诊断。$RETI$、$YETI_{610}$、$YETI_{570}$ 3 种植被指数预测氮素营养模型均通过极显著检验。预测氮素含量效果最好的模型及其预测值与实测值精度验证见图 10-3 至图 10-5。结果表明 $RETI$ 预测水稻氮素营养可以达到 60% 以上的预测精度，$YETI$ 预测水稻氮素营养可以达到 70% 或以上的预测精度（预测模型数据来源：2008 年圣稻 13、临稻 11、阳光 200 小区试验）。

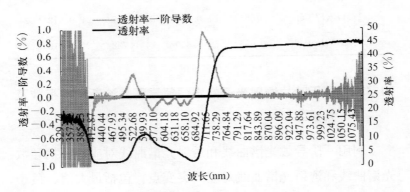

图 10-2　透射光谱及其一阶导数光谱

$$BETI = \frac{T_{550} - T_{520}}{T_{520} - T_{480}}$$

$$RETI = \frac{T_{753} - T_{708}}{T_{708} - T_{681}}$$

$$YETI = \frac{T_{681} - T_{x_i}}{T_{x_i} - T_{550}}$$

式中，R_{x_i} 代表下列波段的透射率：670 nm（T_{x_1}）、663 nm（T_{x_2}）、645 nm（T_{x_3}）、630 nm（T_{x_4}）、610 nm（T_{x_5}）、600 nm（T_{x_6}）、570 nm（T_{x_7}）。

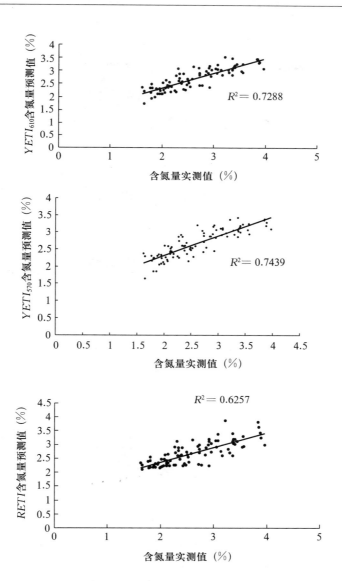

图 10 - 3　2008 年大田试验模型验证（圣稻 13、临稻 11、阳光 200）

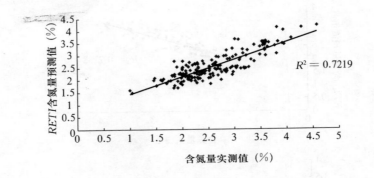

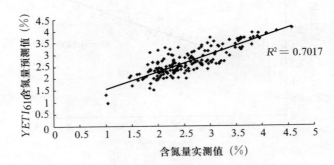

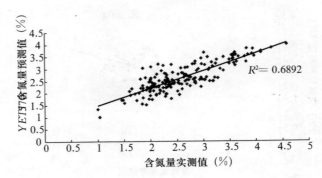

图 10-4 2009 年大田试验验证（圣稻 13、临稻 11、阳光 200）

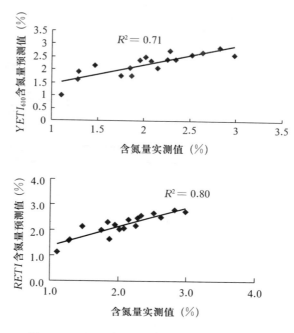

图 10-5　2009 年试验验证（湘优 109、贵糯）

10.3.3　基于冠层反射光谱植被指数诊断水稻氮素营养

利用原始反射光谱曲线及其一阶导数光谱曲线确定红光和近红外光谱波段明显的变形点 680 nm、730 nm 和 765 nm（图 10-6），建立高光谱植被指数。在不同生育期、品种之间冠层反射植被指数与冠层叶片氮素含量均达到极显著相关，并且以 RERI 和氮素含量相关性最高，且稳定性较好（表 10-6、表 10-7）。基于 RERI 构建了 4 个模型预测水稻冠层叶片氮素含量（表 10-8），利用这 4 个模型预测氮素含量预测值和实测值之间达到极显著相关

$(R^2 = 0.97)$（表 $10-9$）。

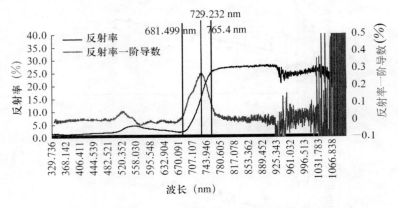

图 10-6　冠层反射光谱及其一阶导数光谱

$$RERI = \frac{R_{765} - R_{730}}{R_{730} - R_{680}}$$

$$NDVI_{ij} = \frac{R(\lambda_j) - R(\lambda_i)}{R(\lambda_j) + R(\lambda_i)}$$

$$RVI_{ij} = \frac{R(\lambda_j)}{R(\lambda_i)}$$

表 10-6　冠层反射光谱（植被指数）与氮素含量之间的相关性

生育期		680 nm	730 nm	765 nm	RERI	NDVI	RVI
晚粳稻 101、晚粳稻 C-67、晚粳稻 004($n=34$)							
分蘖期	相关系数	−0.848**	0.383*	0.857**	0.931**	0.901**	0.813**
	P	0.000	0.028	0.000	0.000	0.000	0.000
孕穗期	相关系数	−0.760**	−0.043	0.733**	0.824**	0.747**	0.814**
	P	0.000	0.808	0.000	0.000	0.000	0.000
抽穗期	相关系数	−0.933**	−0.445**	0.883**	0.973**	0.948**	0.913**
	P	0.000	0.000	0.000	0.000	0.000	0.000

（续）

生育期		680 nm	730 nm	765 nm	*RERI*	*NDVI*	*RVI*
丙 9363、丙 9652（$n=12$)							
分蘖期	相关系数	−0.750**	−0.405	0.143	0.773**	0.645*	0.647*
	P	0.005	0.192	0.657	0.003	0.024	0.023
孕穗期	相关系数	−0.864**	−0.651*	0.710**	0.946**	0.907**	0.882**
	P	0.000	0.022	0.01	0.000	0.000	0.000
抽穗期	相关系数	−0.048	−0.709**	−0.02	0.964**	0.096	0.441
	P	0.882	0.01	0.951	0.000	0.767	0.152
灌浆期	相关系数	−0.970**	−0.850**	−0.253	0.984**	0.962**	0.966**
	P	0.000	0.427	0.000	0.000	0.000	0.000

* 为 $P<0.05$，** 为 $P<0.01$。下同。

表 10 - 7　冠层反射光谱（植被指数）与氮素含量之间的相关性

（圣稻 13、临稻 11、阳光 200，$n=12$)

生育期		680 nm	730 nm	765 nm	*RERI*	*NDVI*	*RVI*
分蘖期	相关系数	−0.509	0.408	0.676*	0.877**	0.685*	0.51
	P	0.091	0.188	0.016	0.00	0.014	0.091
	相关系数	−0.625	−0.700*	0.805**	0.919**	0.751*	0.654*
	P	0.053	0.024	0.005	0.00	0.012	0.04
	相关系数	−0.809**	−0.195	0.527	0.888**	0.787**	0.821**
	P	0.005	0.589	0.117	0.001	0.007	0.004
拔节期	相关系数	−0.678*	−0.572	0.592*	0.801**	0.671*	0.673*
	P	0.015	0.052	0.042	0.002	0.017	0.016
	相关系数	−0.528	−0.214	0.276	0.663*	0.525	0.544
	P	0.078	0.504	0.385	0.019	0.08	0.067

表 10 - 8　冠层叶片氮素含量预测模型

（圣稻 13、临稻 11、阳光 200，$n=12$）

生育期	模型		相关系数	决定系数	F	P
分蘖期	模型 18	$N(\%)=1.2007RERI+1.384$	0.919	0.844 **	43.389	0.000
孕穗期	模型 19	$N(\%)=0.7408RERI+1.5727$	0.888	0.788 **	29.777	0.000
抽穗期	模型 20	$N(\%)=0.8618RERI+1.5364$	0.801	0.642 **	17.911	0.002
灌浆期	模型 21	$N(\%)=0.7809RERI+1.5889$	0.663	0.439 *	7.824	0.019

表 10 - 9　氮素含量实测值和预测值之间的相关性

		相关系数	决定系数	F	P
晚粳稻 101、晚粳稻 C-67、晚粳稻 004（$n=34$）	分蘖期	0.931 **	0.866	200.240	0.000
	孕穗期	0.966 **	0.933	430.024	0.000
	抽穗期	0.973 **	0.946	564.014	0.000
丙 9363、丙 9652（$n=12$）	分蘖期	0.861 **	0.742	28.689	0.000
	拔节期	0.946 **	0.896	85.756	0.000
	孕穗期	0.964 **	0.930	131.897	0.000
	抽穗期	0.984 **	0.969	308.563	0.000

10.4　反射光谱连续统去除法

10.4.1　光谱连续统去除法概述

反射光谱连续统去除法（continuum - removed）是分析矿物质高光谱数据的一种常用方法，所谓的连续统是一种用于分离某一种吸收特征的数学函数（Roger et al，1984；Clark et al，1981；McCord et al，1981），广泛用于矿质和岩石光谱分析中去除背景吸收的影响，并且分离特征物质的吸收特征。连续统被定义为光谱反射率曲线中反射峰值点之间线性连接部分（图 10－7）。可以使用通过不同物质的平均光学路径长度或不同吸收过程来描述连续统（Roger et al，1984）：

$$e^{-(\bar{k}, \bar{t})} \equiv \exp\left(-\sum_{i=1}^{i} k_i t_i\right)$$

式中，$\bar{k}$ 和 $\bar{t}$ 分别是平均吸收系数和微粒表面光子平均光学路径，k_i 和 t_i 分别是第 i 种物质的吸收系数和光学路径（波长的函数）。因此为了从许多光谱参数中提取某一种地质矿物的定性或定量信息，应该进行连续统去除分析。如果光谱是以光谱反射率表示的，在连续统去除过程中应该使用除法运算，如果光谱是以光谱吸收率表示的应使用减法运算。假如多种物质的混合反射光谱表示为（Raymond et al，1999）：

$$r(\lambda) = e^{(-k_1 t_1)} e^{(-k_2 t_2)} e^{(-k_3 t_3)}$$

如果 $k_1 t_1$ 代表由于 A 物质的吸收引起的光谱吸收特性，$k_2 t_2$、$k_3 t_3$ 代表由于其他物质的吸收引起的光谱吸收特性，为了分析 A 物质的吸收光谱特性就要去除其他物质的光谱吸收特性的干扰。连续统 $e^{(-k_2 t_2)} e^{(-k_3 t_3)}$ 和反射光谱 $r(\lambda)$ 进行比值计算或者差值计算，结果既保持了原有的光谱吸收特征又达到了去除连续统的目的。连续统去除法就是用实际光谱波段值去除连续统上相应波段值（如图 10－7 上的空点线）。连续统去除归一化之后，那些峰值点上的相对值均为 1，相反地那些非峰值均小于 1。

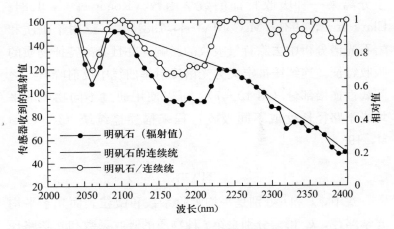

图 10-7   由连续统去除法调整的明矾石光谱

(引自 Schowengerdt，1997)

Roger 等认为连续统反射光谱红边和蓝边特征很重要，他们使用连续统去除法分析了辉石的红边和蓝边特征，红边斜率通常很大（辉石在该波段位置的吸收很弱以至于反射率很小），连续统去除法分析辉石的红边特征是很重要的，随着连续统的斜率增加，红边斜率连续统最小吸收波段向短波方向移动，蓝边斜率连续统最小吸收波段向长波方向移动，然而连续统去除斜率的最小吸收波段和原始光谱反射波段中心相一致（Roger et al，1984）。

已发现许多地表矿物成分具有非常特殊的诊断性反射光谱特征，由于植物也有一些与地表矿物成分相同的化合物构成，因此也应有类似的光谱特征。有些研究者将连续统去除法应用于植被的研究（图 10-8），评价氮、磷和纤维素，发现在图 10-9b 的 1 700 nm、2 100 nm、2 300 nm 连续统去除的光谱反射率与氮、磷和纤维素相关性较高，预测结果较为理想（Raymond et al，1999；Raymond et al，2001）。

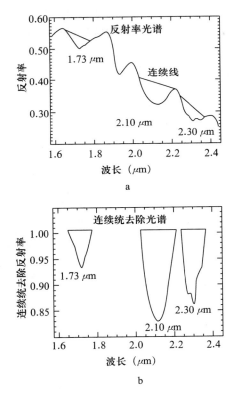

图 10 - 8　白松干叶片光谱反射率及其连续统去除曲线

（引自 Raymond et al，1999）

　　虽然以干叶作为研究对象，运用连续统去除方法取得的效果较为理想，但这也是一种较为复杂的方法。由于叶片水分含量是将连续统去除法应用到分析鲜叶氮、磷等化学组分的最大障碍（Raymond et al，1999），因此有研究者选择不受水分影响并且能反映植被状况的红光吸收波段范围，运用连续统去除法定性评价了氮素处理在热带草地冠层连续统去除光谱上反映出的差异性（Onisimo et al，2003）。随着氮素处理的增加，红光吸收谷（550~750 nm）加深加宽（图 10-9），而连续统去除增加了不同氮素处理之间红光吸收谷深度的差异（图 10-10）。

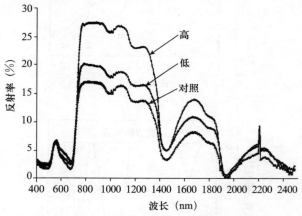

图 10-9　一种草本植物的冠层平均光谱反射率

（引自 Onisimo et al，2003）

Roger 等定性分析了几种农作物在 550~750 nm 连续统去除光谱反射率的差异。Milton 和 Anderson 运用 CASI 数据连续统去除法对森林类型进行分类。

Clark 和 Roush 在连续统定义的基础上进一步提出了波段深度（band depth），定义为 $D_h = 1 - R'$，这里 R' 是连续统去除反射率（Roger et al，1984）。很多研究将波段深度应用于反射光谱的归一化处理（band depth normalization）（Raymond et al，1999）：

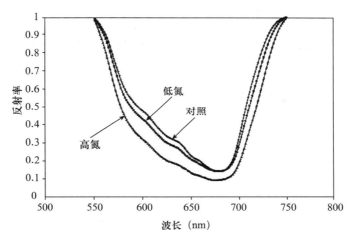

图 10 - 10　3 个氮素处理下可见光范围平均冠层连续统去除反射光谱

(引自 Onisimo et al，2003)

$$D_N = D_h / D_{hc}$$

式中，D_{hc} 是连续统去除光谱吸收谷最小值（图 10 - 11）。

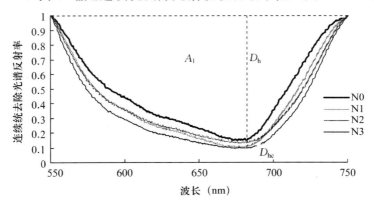

图 10 - 11　水稻连续统去除光谱曲线（晚粳稻丙 9363、晚粳稻丙 9652）

N0＝0　N1＝150 kg/hm² N　N2＝225 kg/hm² N　N3＝300 kg/hm² N

　　随着氮素水平的增加，光谱反射率红光吸收谷（550～750 nm）降低。连续统去除法增加了不同氮素处理之间红光吸收谷深度的差异，这与 Onisimo 等运用草本植物冠层反射光谱研究的结果具有相同的规律（Onisimo et al，2003）。由于叶片反射光谱不仅受到叶片化学组分的影响，还受到叶肉细胞结构、水分、叶片表层蜡质等多种物理影响。尽管在红光吸收谷（550～750 nm）光谱反射率主要反映叶绿素含量（叶绿素含量和氮素含量相关），但是由于植物也有一些与地表矿物成分相同的化合物构成，其他影响因素也是存在的，因此基于光谱反射率连续统去除方法的原理及其在植被光谱研究中的一些应用的特点，加之在暗室中进行叶片光谱的测量，野外一些不确定因素将被最大限度地减小，因此将这种方法引入到水稻反射光谱诊断氮素营养的研究中，探索该方法在消除或者减小品种、环境条件、生育期等影响水稻氮素营养诊断的可行性。

　　在不同生育期不同氮素处理的光谱反射率之间均存在显著差异的波段范围集中在绿光（525～605 nm）、黄光（605～655 nm）和短波近红外（750～1 100 nm）这 3 个波段范围。叶绿素红光吸收谷 550～750 nm 包含了绿光、黄光、红光以及红边，其中绿光和黄光波段反射率之间存在显著差异。

10.4.2　连续统去除反射光参数及模型

　　计算 550～750 nm 之间红光吸收谷的连续统去除光谱反射率（R'）（图 10 - 12），分析表明不同生育期内随着氮素水平的增加连续统去除光谱反射谷加深加宽，这与前人的研究结果相似（Mutanga et al，Onisimo et al，2003）。

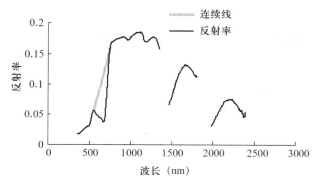

图 10 - 12　冠层反射光谱连续统去除线（丙 9363，2002）

本章选用一些连续统去除光谱特征参数，这些参数包括：吸收峰左半端的面积（A_1）、吸收峰整体面积（A）、对称度（S）和连续统去除最小反射率（D_{hc}），结果表明连续统去除光谱吸收特征参数 A、A_1 和 D_{hc} 与全氮量之间呈极显著负相关（均通过 0.01 水平的显著相关检验）。利用吸收峰整体面积（A）构建水稻氮素营养诊断模型 5 个，并利用不同试验区域和不同品种的水稻试验数据进行精度检验，结果表明分蘖期（包括无效分蘖即拔节期）模型不同试验验证的精度差异较大（59%～82%），其他模型有较高精度（83%～95%）（表 10 - 10）。

表 10 - 10　预测值和实测值之间回归分析

模　　型	决定系数	标准误差	F	P
晚粳稻 101、晚粳稻 C - 67、晚粳稻 004(n＝34)				
分蘖　y＝－0.0168x＋5.7388	0.82	0.26	142.3	0.00
y＝－0.0257x＋5.6928	0.82	0.26	142.3	0.00
孕穗　y＝－0.0091x＋3.3685	0.83	0.19	152.3	0.00

（续）

	模　　型	决定系数	标准误差	F	P
拔节	$y=-0.0103x+3.6092$	0.92	0.13	369.3	0.00
丙 9363、丙 9652（$n=12$）					
分蘖	$y=-0.0168x+5.7388$	0.59	0.18	13.04	0.01
	$y=-0.0257x+5.6928$	0.59	0.18	13.04	0.01
孕穗	$y=-0.0091x+3.3685$	0.88	0.13	70.62	0.00
抽穗	$y=-0.0103x+3.6092$	0.92	0.11	98.71	0.00
灌浆	$y=-0.009x+3.4276$	0.95	0.09	191.3	0.00

第 11 章 可用于水稻氮素营养快速诊断的仪器

11.1 一种便携式植物氮素和水分含量的无损检测方法及测量仪器

北京农业信息技术研究中心王纪华、赵春江、黄文江等发明了一种便携式植物氮素和水分含量的无损检测方法及测量仪器（图 11-1）。该系统包括 4 波长光谱测量装置，其中 4 波长光谱测量装置中光源和检测器相对设置，并在光源和检测器之间放置中性参比样或待测叶片，光源和检测器分别与微控制器连接，微控制器与串行口电路相连接，还分别与显示器和键盘相连接。该检测方法利用所检测的数据 I_0 与 I，计算出 I_0 与 I 各波长检测光对鲜叶片的透过率 T（$T = I/I_0$），然后利用化学计量算法计算出叶片中的叶绿素、水分和反映氮素水平的相对含量值 NI。本发明相比传统测定方法提高效率数十倍，而且不产生对环境有害的物质，并可以实现大面积、快速、无损田间测试。

11.2 便携式多通道作物叶片氮素营养指标无损监测装置

南京农业大学曹卫星等研制了一种便携式多通道作物叶片氮素营养指标无损监测装置（图 11-2）。属于作物生产

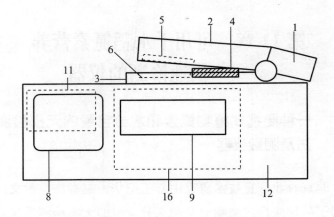

图 11-1   一种便携式植物氮素和水分含量的无损检测仪器

1. 叶片夹   2. 叶片夹的上臂   3. 叶片夹的下臂   4. 中性参比样的滑动夹

5. 单色光源   6. 光电检测器   8. 键盘   9. 液晶显示器

11. 电池槽   12. 外壳   16. 电路板

技术领域，专用于作物田间生产的实时监测和精确施肥管理指导。主要由支架、光谱信号采集总成和主机 3 个部分组成；光谱信号采集采用 4 波段 8 通道设计，硬件系统由模拟信号调理模块、A/D 转换模块、单片机模块、存储模块、显示模块、键盘模块、通讯模块和电源管理模块组成，软件系统采用 C51 单片机语言编写。监测冠层叶片氮含量、氮积累量和叶面积系数 3 个指标，不仅保证了高监测精度，还为作物的氮素营养水平分析提供了 3 个不同方面的数据指标，保证了监测结果的可靠性和稳定性；具备适于农业生产一线人员田间操作、实时无损监测和田间实时管理指导的特点。

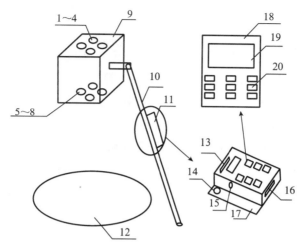

图 11-2　便携式多通道作物叶片氮素营养指标无损监测装置

1～4. 入射光管　5～8. 反射光管　9. 光谱信号采集总成

10. 可调伸缩支承杆　11. 主机　12. 探测区域　13. 光信号输入接口

14. 水平仪　15. 电源开关　16. 串行接口　17. 主机外壳

18. 主机面板　19. LCD 显示器　20. 键盘按键

11.3　基于冠层的水稻氮素营养便携式诊断仪器

本仪器是"863"课题"水稻氮素营养光谱诊断实用化关键技术研究"成果。

11.3.1　仪器介绍

以水稻为样本，根据大量田间试验和验证构建了冠层比值差值反射光谱植被指数 $RERI=\dfrac{R_{765}-R_{730}}{R_{730}-R_{680}}$（$R_i$ 冠层反射率），该植被指数在不同生育期与氮肥施用水平之间呈极显著相关，预测冠层叶片氮素含量取得较为理想的效果。

本仪器具有以下有益效果：速度快、精度高。只记录 3 个波长的作物反射光谱，故测试与记录速度可达毫秒级，可以在更短的时间内完成测量任务。算法采用实验室研究结果，保证了精度的同时也兼顾效率。光源的补足、数据的校正以及数据处理与记录，都由仪器完成，无需人工干预，大大提高了工作效率，降低了因环境和人员因素造成的误差。

主机中的微处理系统会对所得 $505\sim565$ nm 绿光进行分析，从而推测暴露于探头下植被所占面积，绿光强度大于阀值即满足测量要求时微处理器会将波长位于 680 nm、730 nm 和 765 nm 的冠层反射数据 λ_{680}、λ_{730}、λ_{765} 记录，使用公式 $R_{680}=k_1\dfrac{\lambda_{680}}{\eta_{680}}$、$R_{730}=k_2\dfrac{\lambda_{730}}{\eta_{730}}$、$R_{765}=k_3\dfrac{\lambda_{765}}{\eta_{765}}$（$k_1$、$k_2$、$k_3$ 为仪器误差修正系数）按波段对应计算，然后由 $RERI=\dfrac{R_{765}-R_{730}}{R_{730}-R_{680}}$ 公式得出结论并从液晶屏数码管显示器显示出。同时仪器还可以计算出 $NDVI$ 值，并同时显示存储。

该过程产生的数据都会被存入仪器内存，并生成数据文件。该数据也可在以后通过 RS－232 接口传送到计算机中进行进一步分析。

11.3.2 仪器测量数据的验证

以 2010 年 7～8 月田间试验（地点：济宁，试验品种：镇稻 88、圣稻 16、圣稻 15）为例进行验证。

在测量冠层反射光谱的同步利用 $RERI$ 指数仪测量。将测量结果利用自行研制的地物光谱测量数据粗大误差剔除与整理软件中 3 种算法去除可疑数据，将利用冠层光谱反射率计算的 RERI 指数值和利用 RERI 指数仪测量的值进行比较，结果表明 RERI 指数计算值和 RERI 指数仪测量值之间呈极显著相关，RERI 指数仪仪器本身测量值相关系数（仪器本身精度）在 80%～90%。

RERI 指数仪测量值与氮肥水平呈极显著相关，相关系数大于 0.70（表 11-1）。RERI 指数值和利用 RERI 指数仪测量的值在 3 个品种之间均随着氮肥用量的增加而增大（图 11-3）。随着生育期的推进，在不同品种和氮素水平下，RERI 仪器测量值均呈现明显增加的趋势（图 11-3）。

将模型中的 RERI 值用 RERI 指数仪测量数值代替，计算模型预测的冠层叶片氮素含量（表 11-2），然后计算氮素含量实测值与预测值之间的相关系数。在分蘖盛期决定系数达到 80%（图 11-4），孕穗期决定系数达到 90%（图 11-4），均达到 0.01 极显著相关水平。

因此本研究结果初步认为 RERI 指数测量仪不仅能定性地反映出氮肥水平的差异，还能用于定量诊断水稻冠层叶片氮素含量，精度达到 80%～90% 甚至更高（表 11-2）。

表 11-1　RERI 仪测量值与 RERI 计算值及氮肥水平之间的相关分析

测量日期（样本数）	RERI		氮肥施用水平	
	Pearson 相关系数	P	Pearson 相关系数	P
2010 年 7 月 21 日（n=12）	0.864**	0.000	0.718**	0.009
2010 年 8 月 3 日（n=36）	0.897**	0.000	0.786**	0.000
2010 年 8 月 16 日（n=36）	0.919**	0.000	0.792**	0.000
2010 年 8 月 26 日（n=36）	0.889**	0.000	0.779**	0.000

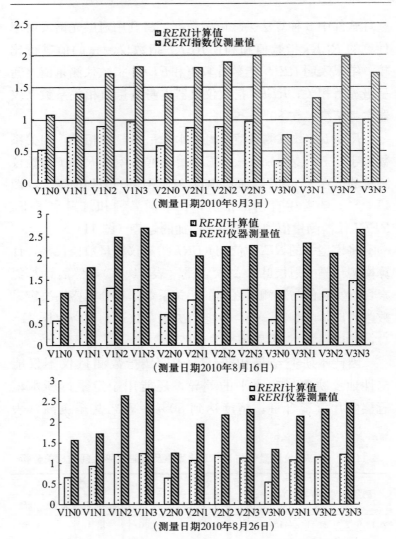

图 11-3　*RERI* 指数计算值和 *RERI* 指数仪测量值在
品种和氮肥水平之间的变化

N0＝0　N1＝45 kg/hm² N　N2＝105 kg/hm²　N3＝165 kg/hm²

V1＝镇稻 88　V2＝圣稻 16　V3＝圣稻 15

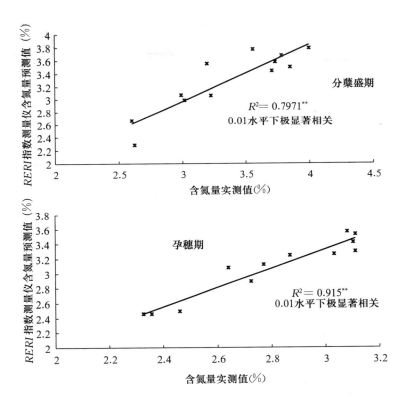

图 11 - 4　*RERI* 指数测量仪器实测值与预测值之间的精度检验
（镇稻 88、圣稻 16、圣稻 15）

表 11 - 2　*RERI* 指数测量仪测量精度检验表

（圣稻 13、临稻 11 和阳光 200 建模型，镇稻 88、圣稻 16、圣稻 15 验证模型预测精度）

	RERI（植被仪测量值）	含氮量模型运算值（%）	含氮量实测值（%）
2010 年 V1N0	1.07	2.67	2.60
8 月　V1N1	1.40	3.06	3.23
3 日　V1N2	1.71	3.44	3.71

（续）

		RERI（植被仪测量值）	含氮量模型运算值（%）	含氮量实测值（%）
	V1N3	1.83	3.58	3.73
	V2N0	1.40	3.07	2.99
	V2N1	1.80	3.55	3.20
	V2N2	1.90	3.67	3.78
	V2N3	2.00	3.79	4.00
	V3N0	0.75	2.28	2.63
	V3N1	1.34	2.99	3.02
	V3N2	1.99	3.77	3.56
	V3N3	1.76	3.49	3.85
2010年8月16日	V1N0	1.19	2.45	2.33
	V1N1	1.77	2.89	2.73
	V1N2	2.49	3.41	3.10
	V1N3	2.68	3.56	3.08
	V2N0	1.20	2.46	2.36
	V2N1	2.03	3.08	2.64
	V2N2	2.26	3.24	2.87
	V2N3	2.28	3.26	3.03
	V3N0	1.24	2.49	2.46
	V3N1	2.33	3.30	3.11
	V3N2	2.09	3.12	2.77
	V3N3	2.64	3.53	3.11

11.4　基于叶片光谱水稻氮素营养便携式诊断仪器

本仪器是"863"课题"水稻氮素营养光谱诊断实用化

关键技术研究"成果。

仪器目的是提供一种基于叶片的水稻氮素营养诊断植被指数和快速诊断仪器，它能对水稻分蘖盛期、拔节期、孕穗期、抽穗期基于主茎上完全展开顶 1 叶片（以从叶鞘中能见叶耳为准，孕穗后为剑叶）、顶 2 叶片和顶 3 叶片的氮素含量诊断。

共分 3 组数据进行精度检验，结果表明，化学分析方法测得的叶片氮素含量与设计仪器测量值之间的拟合精度均在 80％以上（表 11-3）。

为了解决背景技术所存在的问题，采用以下技术方案：它是由可动的探测头和主机两部分构成；探测头内部有 LED 光源和光电检测器，分居叶片夹上下两侧。探测头和主机由两个滑杆可伸缩连接。主机面板是由 LCD 屏、功能键盘、数字键盘、指示灯和电池仓组成；功能键盘设置在 LCD 屏和数字键盘的中间，LCD 屏设置在功能键的上面，数字键盘设置在 LCD 屏的下方，指示灯设置在数字键盘的左侧，电池仓设置在主机面板的底端，使用 AA 电池供电，也可使用充电电池或外接直流电源；主机面板的侧面设置有传输口和电源插头；主机面板的背端设置有手带，可将其固定在手臂上（图 11-5）。

操作规程：启动仪器，伸出探头；按下叶片夹，选择"参照模式"单片机归零待命（或采用透明陶瓷参考薄片归零）；打开夹子，夹住叶片，开始测试，内部处理后立即输出数据。

工作方法：由 3 个单波段 LED 灯或一个复合 LED 灯作为光源，通过光电检测器检测透过水稻叶片光线强度，然后将模拟信号放大并数字化输入到单片机中，单片机按存储的算法进行计算，从而获得水稻叶片氮素含量，再输出到LCD屏。

判断方法：

$$YEI=\frac{\rho_1-\rho_2}{\rho_2-\rho_3}$$

式中，ρ_1 取 680 nm±5 nm，ρ_2 取值在 570～660 nm，ρ_3 取 550 nm±5 nm，YEI 是黄边透射光谱植被指数。

黄边透射光谱植被指数预测水稻叶片氮素含量的预测模型：

$$N(\%)=\alpha YEI^\beta+K$$

式中，α 为系数，β 为系数，K 为误差项。

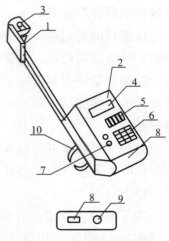

图 11-5　基于叶片光谱水稻氮素营养便携式诊断仪器

1. 控测头　2. 主机面板　3. 叶片夹
4. LCD屏　5. 功能键盘
6. 数字键盘　7. 指示灯　8. 电池仓
9. 电源插头　10. 手带

表 11-3　叶片光谱水稻氮素营养便携式诊断仪测量精度检验

化学方法测试含氮量（%）	本仪器测试含氮量（%）	化学方法测试含氮量（%）	本仪器测试含氮量（%）	化学方法测试含氮量（%）	本仪器测试含氮量（%）
组1精度87.76%		组2精度80.69%		组3精度84.33%	
2.637	2.801	2.925	3.074	2.729	2.971
3.122	2.964	3.092	3.133	3.045	3.023
3.417	3.102	3.232	3.190	3.159	3.278
3.454	3.068	3.409	3.291	3.468	3.295
2.423	2.412	3.548	3.394	3.369	3.330

（续）

化学方法测试 含氮量（%）	本仪器测试 含氮量（%）	化学方法测试 含氮量（%）	本仪器测试 含氮量（%）	化学方法测试 含氮量（%）	本仪器测试 含氮量（%）
组 1 精度 87.76%		组 2 精度 80.69%		组 3 精度 84.33%	
2.294	2.439	2.542	2.603	2.417	2.816
2.267	2.393	2.637	2.563	2.427	2.844
2.619	2.611	2.697	2.547	2.557	2.868
2.470	2.321	2.814	2.810	2.723	3.047
2.296	2.363	2.835	2.637	2.652	2.995
2.540	2.614	2.484	2.504	2.344	2.646
2.575	2.679	2.581	2.849	2.556	2.847
2.428	2.577	2.818	2.981	2.727	3.017
2.591	2.650	2.678	2.874	2.214	2.808

第12章 试验设计与采用的光谱测量仪器

12.1 试验设计

(1) 2002 年小区试验 试验地杭州，人为造成不施氮肥（N0）、严重缺氮（N1）、缺氮（N2）、氮适量（N3）、氮过多（N4）、氮严重过多（N5），设 4 次重复，水稻品种为丙 9363(V1，叶色较深)、丙 9652(V2，叶色较淡)。

(2) 2002 年大田试验 试验地浙江嘉善，人为设置不施氮肥（N0）、农民正常施肥量的 1/2(N1)、农民正常施肥(N2)。水稻品种为晚粳稻 101、晚粳稻 C - 67、晚粳稻 004。

(3) 2002—2003 年小区试验 试验地杭州，试验所用水稻品种分两大类型，即常规稻和杂交稻，共 5 个品种，分别是秀水 110(S1，常规粳稻)、嘉育 293(S2，常规籼稻)、嘉早 312(S3，常规籼稻)、嘉早 324(S4，常规籼稻)、协优 9308(S5，杂交籼稻)。设计成 3 个氮素水平，分别为 0、120 kg/hm^{2}N、240 kg/hm^{2}N，人为地造成严重缺氮（N0）、氮适量（N1）和氮过量（N2）。

(4) 2008 年小区试验和 2009 年大田试验 试验地青岛，试验水稻品种为阳光 200(V1，常规粳稻，直穗型，浅绿)、临稻 11(V2，常规粳稻，直穗型，深绿) 和圣稻 13(V3，杂交粳稻，半直穗型，深绿)。小区试验人为造成不施氮肥（N0）、严重缺氮（N1）、缺氮（N2）、氮适量（N3）、氮过多（N4）、氮严重过多（N5），设 3 次重复。大田试验，水稻品种为阳光 200、临稻 11 和圣稻 13，人为设置不施氮肥（N0）、缺氮

（N1）、正常施肥（N2）和过量施肥（N3）。

（5）2008 年温室试验　试验地青岛，盆栽试验，试验选用 3 个水稻品种：圣稻 13（杂交粳稻，半直穗型，深绿）、临稻 11（常规粳稻，直穗型，深绿）和阳光 200（常规粳稻，直穗型，浅绿），8 个重复，5 个氮肥 $[^{15}N(NH_2)_2CO]$ 处理：0、45 kg/hm^2、105 kg/hm^2、165 kg/hm^2、225 kg/hm^2；钾肥施硫酸钾，施用量 174 kg/hm^2。

12.2　光谱测量仪器

光谱仪的基本工作原理：光谱仪测量时通过光导纤维探头摄取目标物光线，经过 A/D（模/数）转换卡（器）变成数字信号，进入控制计算机贮存。整个测量过程由操作员通过控制计算机实现，便携式计算机控制光谱仪可实时将光谱测量结果显示于计算机屏幕上。有的光谱仪带有一些简单的光谱处理软件，可用来进行光谱曲线平滑、插值、对数、微分等处理。测得的光谱数据既可贮存在计算机内，也可进行拷贝。为了测定目标物光谱，通常需要测定 3 类光谱辐射值：第一类为暗光谱，即没有光线进入光谱仪时由仪器记录的光谱（它是仪器本身的噪声，取决于环境和仪器本身的温度）；第二类为参考光谱或称标准板光谱，它是从较完美的漫反射体标准板上测得的光谱；第三类为样本光谱或目标光谱，是从感兴趣的目标物上测得的光谱（这是最终需要的光谱）。为了避免光饱和或光量不足，光谱仪一般可依照测量时的光照条件和环境温度来调整测量时间。最后，通过标准板校准的感兴趣的目标物光谱是在相同光照条件下通过目标光谱辐射值除以参考光辐射值而得到的，因此，实际测得的目标物反射光谱和透射光谱值是相对反射率和相对透射率。

本研究前期的部分试验采用了美国 ASD FieldSpec Pro FR™光谱仪。随着光谱仪不断向小型化、便携化方向的发展，后期采用了荷兰 Aventes 公司生产的 AvaSpec - 2048FT - SPU 光谱仪及其升级版 AvaField - 1 高光谱便携式地物波谱仪。另外也可以使用能满足土壤、岩矿、雪地、植被、大气等野外高光谱遥感测量使用的 Avantes 地物波谱仪 AvaField - 2(300～1 700 nm) 和 AvaField - 3(300～2 500 nm)。特点：外形小巧、轻便 (1.4 kg，275 mm×140 mm×85 mm)，方便测量，易于携带；高防护等级的野外用手提箱，防尘防水的机壳，带有激光指示器、倾角传感器的标准探头，内置补偿光源的反射式探头，透射式测量的叶片夹，专用的采集软件等。该仪器还具有动态校正暗电流的功能。由于探测器的热敏感性，造成即使在没有任何光照射的情况下，探测器也会产生暗电流（或称暗背景/热噪声）。为了获得暗电流的近似值，将电荷耦合元件（CCD）探测器起始的 14 个象元封闭不接受光辐射，这 14 个象元值作为参考信号，并且把它们从原始的数据中扣除。由于这 14 个象元与其他象元具有相同的热响应，因此该校正是完全动态的。这样就从根本上解决了在紫外到近红外波段的暗电流所引起的噪声问题。

该光谱仪波长范围 300～1 100 nm，光谱分辨率 1.4 nm；其采用最新技术的薄型背照式 CCD 探测器，2 048×14 像素面阵（光谱采样间隔 0.6 nm），具有高紫外和近红外灵敏度，高信噪比，大动态范围等特点［与采用 512 像素光电二极管阵列（PDA）探测器的其他光谱仪相比较］（图12-1、图12-2）。

■　光谱响应(无窗口)

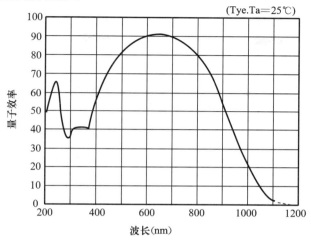

图 12‑1　背照式 CCD 的量子效率曲线（350 nm 处 40％，600 nm 处
90％，800 nm 处 80％，900 nm 处 55％，1 000 nm 处 20％）

光电二极管的光谱响应度

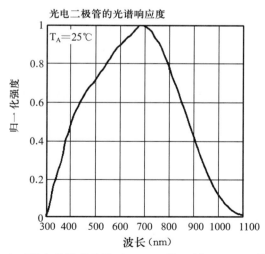

图 12‑2　PDA 的效率曲线（350 nm 处 25％，600 nm 处 90％，
800 nm 处 80％，900 nm 处 40％，1 000 nm 处 10％）

12.3 可精确调控观测范围和倾角的冠层光谱观测装置

本装置是"863"课题"水稻氮素营养光谱诊断实用化关键技术研究"成果，获发明专利。

目前对于土壤、岩石、水体和低矮植物进行冠层光谱探测多是采用探头手持法，对于较高地物如高大乔木植物进行冠层光谱探测多是采用较大型机械（如带有升降臂的工程车）。这两者为平台对地物进行冠层光谱测试自动化程度低，对于测量探头离冠层高度、探头 XYZ 三轴倾角、探头视场范围的调控性和记录性能较差，人体或车体对地物冠层反射自然光产生较大影响，导致测量数据欠佳，地物光谱测量数据的可重复性较差，而且对于在测量过程中关键部件光谱仪和光纤的搬运和保护都存在不方便和安全隐患的问题，特别是光纤易受损伤。

我们设计开发了一套野外地物光谱测量系统装置，并在试验中应用。该装置使得 Aventes 公司地物光谱仪更加方便田间测量，解决了背景技术所存在的问题，利用单片机控制步进电机实现自动调节，具有操作简便、可拆卸、重量轻、方便携带、测量准确、光纤不易损坏等优点。

主要参考文献

陈君颖，田庆久.2007.水稻叶片不同光谱形式反演叶绿素含量的对比分析研究［J］.国土资源遥感（1）：44-48.

陈述彭，童庆禧，郭华东.1998.高光谱分辨率遥感信息机理与地物识别［M］.北京：科学出版社.

李小文.1989.地物的二向性反射和方向谱特征［J］.环境遥感，4(1)：67-72.

李云梅，王人潮，王秀珍，等.2002.水稻冠层二向反射率的模拟及其反演［J］.中国水稻科学，16(3)：291-294.

李云梅，王秀珍，沈掌泉，等.2002.水稻叶片反射率模拟［J］.浙江大学学报：农业与生命科学版，28(3)：195-198.

刘伟东，项月琴，郑兰芬，等.2000.高光谱数据与水稻叶面积及叶绿素浓度的相关分析［J］.遥感学报，4(4)：279-283.

刘伟东，项月琴，郑兰芬，等.2000.高光谱数据与水稻叶面积指数及叶绿素密度的相关性分析［J］.遥感学报，4(4)：279-283.

浦瑞良，宫鹏.1997.森林生态化学与CASI高光谱分辨率遥感数据的相关分析［J］.要高学报，1(2)：115-123.

申广荣，王人潮，李云梅，等.2001.水稻多组分双向反射模型的建立［J］.农业工程学报，17(5)：146-149.

申广荣，王人潮，李云梅，等.2001.水稻群丛结果和辐射传输分析［J］.作物学报，27(6)：769-775.

申广荣，王人潮．2002．基于神经网络的水稻双向反射模型研究 [J]．遥感学报，6(4)：252 - 258．

沈掌泉，王人潮．1993．连续型光谱数据的处理及信息提取试验 [J]．浙江农业大学学报，19（增）：83 - 88．

王人潮，黄敬峰．2002．水稻遥感估产 [M]．北京：中国农业出版社．

王秀珍，黄敬峰，李云梅，等．2002．高光谱数据与水稻农学参数之间的相关分析 [J]．浙江大学学报（农业与生命科学版），28(3)：283 - 288．

王秀珍，王人潮，黄敬峰．2002．微分光谱遥感及其在水稻农学参数测定上的应用研究 [J]．农业工程学报，18(1)：9 - 13．

王秀珍．2001．水稻生物物理与生物化学参数的光谱遥感估算模型研究 [D]．杭州：浙江大学．

吴长山，项月琴，郑兰芬，等．2000．利用高光谱数据对作物群体叶绿素密度的研究 [J]．遥感学报，4(3)：228 - 232．

杨长明，杨林章，韦朝领，等．2002．不同品种水稻群体冠层光谱特征比较研究 [J]．应用生态学报，13(6)：689 - 692．

赵春江，黄文江，王纪华，等．2002．不同品种、肥水条件下冬小麦光谱红边参数研究 [J]．中国农业科学，35(8)：980 - 987．

ASNER G P. 1998. Biophysical and biological sources of variability in canopy reflectance[J]. Remote Sens. Environ, 64：234 - 253.

BACH H，MAUSER W. 1997. Improvements of plant parameter estimations with hyperspectral data compared to multispectral data[J]. SPIE. 2959: 59 - 67.

BARRETT E C, CURTIS L F. 1992. Introduction to environmental remote sensing[M]//Barrett, E. C. and Curtis, L. F. Introduction to Environmental Remote Sensing. 3rd Ed, Chapman & Hall, London, U. K.

BLACKBURN G A. 1998. Quantifying chlorophylls and carotenoids at leaf and canopy scales: an evaluation of some hyperspectral approaches[J]. Remote Sens. Environ. , 66: 273 - 285.

BLACKBURN G A. 1998. Spectral indices for estimating photosynthetic pigment concentrations: a test using senescent tree leaves[J]. Int. J. Remote Sens. , 19(4): 657 - 675.

BROGE N H, MORTENSEN J V. 2002. Deriving green crop area index and canopy chlorophyll density of winter wheat rom spectral reflectance data[J]. Remote sensing of environment, 81: 45 - 57.

BROGE N H, MORTENSEN J V. 2002. Deriving green crop area index and canopy chlorophyll density of winter wheat from spectral reflectance data[J]. Remote Sens. Environ. , 81: 45 - 57.

CAETANO M, PEREIRA J M C. 1997. Analysis of the integrated (overstory/background) hyperspectral response of pine stands[J]. SPIE, 3222: 26 - 37.

CARD D H, PETERSON D L, MATSON P A, et al. 1988. Prediction of leaf chemistry by the use of visible and near infrared reflectance spectroscopy[J]. Remote Sens. Environ. ,

26：123－147.

CARTER G A. 1993Responses of leaf spectral reflectance to plant stress[J]. Am. J. Bot. ，80：239－243.

CASANOVA D，EPEMA G F，GOUDRIAAN J. 1998. Monitoring rice reflectance at field level for estimating biomass and LAI[J]. Field Crops Research，55：83－92.

CASANOVA D，GOUDRIAAN J，BOSCH A D. 2000. Testing the performance of ORYZA1，an explanatory model for rice growth simulation，for Mediterranean conditions[J]. European Journal of Agronom，12：175－189.

CLARK R N. 1981. Water frost and ice：the near－infrared spectral reflectance 0. 65－2. 5μm[J]. Journal of Geophysical Research，86：3087－3096.

CROSTA A P，SOUZA C R DE F. 1997. Evaluating AVIRIS hyperspectral remote sensing data for geological mapping in Laterized Terranes，Central Brazil. Proceeding of the Twelfth International Conference and Workshops on Applied Geologic Remote Sensing，II：430－437.

CURRAN P J，DUNGAN J L，GHOLZ H L. 1990. Exploring the relationship between reflectance red edge and chlorophyll content in slash pine[J]. Tree Physiology，7：33－48.

CURRAN P J，DUNGAN J L，MACLER B A，et al. 1992. Reflectance spectroscopy of fresh whole leaves for the estimation of chemical concentration[J]. Remote Sensing of Environment，39：153－166.

CURRAN P J, WINDHAM W R, GHOLZ H L. 1995. Exploring the relationship between reflectance red edge and chlorophyll content in slash pine leaves[J]. Tree Physiology, 15: 203-206.

CURRAN P J, WINDHAM W R, GHOLZ H L. 1995. Exploring the relationship between reflectance chlorophyll content in slash pineII[J]. Tree physiology, 15: 203-206.

CURRAN P J. 1989. Remote sensing of foliar chemistry[J]. Remote Sens. Environ, 30: 271-278.

CURRAN P J. 1989. Remote sensing of foliar chemistry[J]. Remote Sensing of Environment, 30: 271-278.

DAWSON T P, CURRAN P J, PLUMMER S E. 1998. LIBERTY modeling the effects of leaf biochemical concentration on reflectance spectra[J]. Remote Sens. Environ. , 65: 50-60.

DEMETERIADES-SHAH T H, STEVEN M D, CLARK J A. 1990. High resolution derivative spectra in remote sensing [J]. Remote Sensing of the Environment, 33: 55-64.

DUNGAN J, JOHNSON L, BILLOW C, et al. 1996. High spectral resolution reflectance of Douglas fir grouth under different fertilization treatments: experiment design and treatment effect[J]. Remote Sens. Environ. , 55: 217-228.

EIJI K, YOSHIO A, KUNIHIRO T, et al. 2002. Seasonal patterns of canopy structure, biochemistry and spectral reflectance in a broad-leaved deciduous *Fagus crenata* canopy [J]. Forest Ecology and Management, 167: 233-249.

FENG Y, MILLER J R. 1991. Vegetation green reflectance

at high spectral resolution as a measure of leaf chlorophyll content [A] //Proceedings of the 14th Canadian Symposium on Remote Sensing，Calgary Alberta：351 - 355.

FILELLA D，PENUELAS J. 1994. The red edge position and shape as indicators of plant chlorophyll content，biomass and hydric status[J]. Int. J. Remote Sens. ，15(7)：1459 - 1470.

FOURTY T，BARET F，JACQUEMOUD S. 1996. Leaf optical properties with explicit description of its biochemical composition：direct and inverse problems[J]. Remote sens. Environ. ，56：104 - 117.

FOURTY T，BARET F. 1998. On spectral estimates of fresh leaf biochemistry[J]. International Journal of Remote Sensing. 19：1283 - 1297.

FOURTY TH，BARET F，JACQUEMOUD S，et al. 1996. Leaf optical properties with explicit description of its biochemical composition：direct and inverse problems[J]. Remote sens. Environ. ，56：104 - 117.

GITELSON A A，MERZLYAK M N. 1996. Signature analysis of leaf reflectance spectra：algorithm development for remote sensing of chlorophyll[J]. J. Plant Physical. ，148：494 - 500.

GITELSON A A，MERZLYAK M N，LICHTENTHALER HK. 1996. Detection of red edge position and chloorophyll content by reflectance measurements near 700nm [J]. Journal of Plant Physiology，148：501 - 508.

GOEL P K, PRASHER S O, LANDRY J A, et al. 2003. Potential of airborne hyperspectral remote sensing to detect nitrogen deficiency and weed infestation in corn[J]. Computers and Electronics in Agriculture, 38: 99 – 124.

GONG P, PU R, MILLER J R. 1995. Coniferous forest leaf index estimation along the Oregon transact using compact airborne spectrographic imager data[J]. Photogrammetric Engineering and Remote Sensing, 61: 1107 – 1117.

GOPALA PILLAI S G, TIAN L, BEEL J. 1998. Detection of nitrogen stress in corn using digital aerial imagery [C]// Proceedings of the ASAE Annual International Meeting at Orlando: 98 – 103.

GROSSMAN Y L, USTIN S L, JACQUEMOUD S, et al. 1996. Critique of stepwise multiple linear regression for the extraction of leaf biochemistry information from leaf reflectance data[J]. Remote Sensing of Environment, 56: 182 – 193.

GUPTA R K, VIJAYAN D, PRASAD T S. 2001. New hyperspectral vegetation characterization parameters[J]. Ads. Space Res, 28(1): 201 – 206.

HALL F G, HUEMMRICH K F, GOWARD S N. 1990. Use of narrow band spectra to estimate the fraction of absorbed photosynthetically active radiation [J]. Remote Sensing of Environment, 32: 47 – 54.

HORLER D N H, DOCKRAY M, BARBER J. 1983. The red edge of plant leaf reflectance[J]. International Journal of Remote Sensing, 4: 273 - 288.

IAN B STRACHAN, ELIZABETH PATTEY, JOHANNE B. 2002. Impact of nitrogen and environmental conditions on corn as detected by hyperspectral reflectance [J]. Remote Sensing of environment, 80: 213 - 224.

INOUE Y, PENUELAS J, NOUEVLLON Y, et al. 2001. Hyperspectral reflectance measurements for estimating eco - physiological status of plants[J]. SPIE, 4151: 153 - 163.

IRUDAYARAJ J, YANG H. 2002. Depth profiling of a heterogeneous food - packaging model using step - scan Fourier transform infrared photoacoustic spectroscopy [J]. Journal of Food Engineering, 55: 25 - 33.

JACQUEMOUD S, BARET F. 1990. PROSPECT: a model of leaf optical properties spectra[J]. Remote Sens. Environ. , 34: 75 - 91.

JAGO R A, CUTLER M E, CURRAN P J. 1999. estimating canopy chlorophyll concentration from field and airborne spectra[J]. Remote Sensing of Environment, 68: 217 - 224.

JOHNSON L F, BILLOW C R. 1996. Spectrometric estimation of total nitrogen concentration in Douglas - fir foliage [J]. International Journal of Remote Sensing, 17: 489 - 500.

JOHNSON L F, HLAVKA C A, PETERSON D L. 1994. Multivariate analysis of AVIRIS data for canopy biochemical estimation along the Oregon transect[J]. Remote Sensing of Environment, 47: 216 - 230.

JOSEP PENUELAS, JOHN A GAMON, KEVIN L GRIF-FIN. 1993. Assessing community type, plant biomass pigment composition and photosynthetic efficiency of aquatic vegetation from spectral reflectance[J]. Remote sensing of environment, 46: 110 - 118.

KELLEY E F, JONES G R, GERMER T A. 1998. Display reflectance model based on the BRDF[J]. Displays, 19 : 27 - 34.

KNIPLING E B. 1970. Physical and physiological basis of the reflectance of visible and near - infrared radiation[J]. Remote SENSING of Environment, 1: 155 - 159.

KOKALY R F, CLARK R N. 1999. Spectroscopic determination of leaf biochemistry using band - depth analysis of features and stepwise multiple linear regression[J]. Remote Sens. Environ. , 67: 267 - 287.

KOKALY R F. 2001. investigating a physical basis for spectroscopic estimates of leaf nitrogen concentration[J]. Remote Sens. Environ. , 75: 153 - 161.

KOKALY R F, ROGER N C. 1999. spectroscopic determination of leaf biochemistry using band - depth analysis of absorption features and stepwise multiple linear regression [J]. Remote Sens. Environ, 67: 267 - 287.

KRUSE F R, KIEREIN - YOUN K S, BOARDMAN J W. 1990. Mineral mapping at Cuprite, Nevada with a 63 channel imaging spectrometer data[J]. Photogrammetric Engineering and Remote Sensing, 56: 83 - 92.

KUSHIDA K, YOSHINO K. 1996. A Monte Carlo radiative transfer simulation of rice canopy based on digital stereo photogrammetry[J]. International Archives of Photogrammetry and Remote Sensing, 31(3): 994 - 998.

KUUSK A. 1995. A fast, invertible canopy reflectance model[J]. Remote Sens. Environ. , 51: 342 - 350.

KUUSK A. 1995. A Markov chain model of canopy reflectance[J]. Agri. For. Meteoral. , 76: 221 - 236.

LACAPRA V C, MELACK J M, GASTIL M, et al. 1996. Remote sensing of foliar chemistry of inundated rice with imaging spectrometry[J]. Remote Sens. Environ. , 55: 50 - 58.

LI X W, STRAHLER A. 1986. Geometric - optical bi - directional reflectance modeling of a coniferous forest canopy[J]. IEEE Trans. Geosci. Remote Sensing. , GE - 24: 906 - 919.

LICHTENTHALER H K, GITELSON A A, LANG M. 1996. Non destructive determination of chlorophyll content of leaves of a green and an aurea mutant of Tobacco by reflectance measurements[J]. Journal of Plant Physiology, 48: 483 - 493.

LILLESAND T M, KIEFER R W. 1994. Remote Sensing and Image Interpretation [M]. 3rd edition. New York: John Wiley & Sons.

MA B L, MORRISON M J, DWYER L M. 1996. Canopy light reflectance and field greenness to assess nitrogen fertilization and yield of maize[J]. Agron. J. , 88(6): 915 - 920.

MADEIRA A C, MENDONCA A, FERREIRA M E, et

al. 2000. Relationship between spectro radiometric and chlorophyll measurements in green beans[J]. Communication in Soil Science and Plant Analysis, 31(5 - 6): 631 - 643.

MARTIN M E, ABER J D. 1997. High spectral resolution remote sensing of forest canopy lignin, nitrogen, and ecosystem processes[J]. Ecological Applications, 7: 431 - 443.

MATSON P, JOHNSON L, BILLOW C, et al. 1994. Seasonal patterns and remote spectral estimation of canopy chemistry across the Oregon Transect[J]. Ecol App. , 4: 280 - 298.

MCCORD T B, CLARK R N, HAWKE B R, Et al 1981. Near - infrared spectral reflectance: a first good look [J]. Journal of Geophysical Research, 86(10): 833 - 892.

MCGWIRE K, MINOR T, FENSTERMAKER L. 2000. Hyperspectral mixture modeling for quantifying sparse vegetation cover arid environments[J]. Remote Sensing of Environment, 72: 360 - 374.

MCLELLAN T, ABER J D, MARTIN M E, et al. 1991. Determination of nitrogen, lignin, and cellulose content of decomposing leaf material by near infrared spectroscopy [J]. Can. J. Forest Res. , 21: 1684 - 1688.

MEER F V D, BAKKER W. 1997. Cross correlogram spectral matching: application to surface mineralogical mapping by using AVIRS data from Cuprite, Nevada[J]. Remote Sens. Environ. , 61: 371 - 382.

MILLER J R, HARE E W, WU J. 1990. Quantitative Characterization of the Vegetation Red Edge Reflectance Model

[J]. Int. J. Remote Sensing，11(10)：1755 - 1773.

MILLER J R. 1991. Season patterns in leaf reflectance red edge characteristics [J]. Int. J. Remote Sens，12（7）：1509 - 1523.

NEIL E. 1979. Assessment of nitrogen status of soils with respect to the growth of cereal crops [D]. University of Aberdeen，U. K.，Department of Soil Science.

LEE F JOHNSON. 2001. Nitrogen influence on fresh - leaf NIR spectra[J]. Remote sensing of environment，78：314 - 320.

ONISIMO MUTANGA，ANDREW K SKIDMORE，SIPKE VAN WIEREN. 2003. Discriminating tropical grass (*Cenchrus ciliaris*) canopies grown under different nitrogen treatments using spectroradiometry[J]. ISPRS Journal of Photogrammetry &Remote Sensing，57：263 - 272.

PALTA J P. 1990. Leaf chlorophyll content [J]. Remote Sensing Reviews. 5：207 - 213.

PAUL J CURRAN. 1989. Remote sensing of foliar chemistry [J]. Remote Sens. Environ.，30：271 - 278.

PENUELAS J，FILELLA I，BIEL C，et al. 1993. The reflectance at the 950 - 970nm region as an indicator of PLANT water status[J]. International Journal of Remote Sensing，14：1887 - 1905.

PENUELAS J，BARET F，FILELLA I. 1995. Semi - empirical indices to assess caroteniods/chlorophyll a ratio from leaf spectral reflectance[J]. Photosythetica，31：221 - 230.

PENUELAS J, GAMON J A, FREDEEN A L, et al. 1994. Reflectance indices associated with physiological changes in nitrogen - and water - limited sunflower leaves [J]. Remote Sensing of Environment, 48: 135 - 146.

PETERSON D L, et al. 1988. Remote Sensing of forest canopy and leaf biochemical contents[J]. Remote Sens. Environ, 24: 85 - 108.

PETERSON D L, HUBBARD G S. 1992. Scientific issues and potential remote - sensing requirements for plant biochemical content[J]. Journal of Imaging Science and Technology, 36: 446 - 456.

PINAR A, CURRAN P J. 1996. Grass chlorophyll and the reflectance red edge[J]. Int. J. Remote Sens. , 17: 351 - 357.

PLANT R E. 2001. Site - specific management: the application of information technology to crop production [J] . Comput. Elctron. Agric. , 30(1 - 3): 9 - 29.

PLANT R E, MUNK D S, ROBERTS B R, et al. 2000. Relationship between remotely sensed reflectance data and cotton growth and yield[J]. Trans. ASAE. , 43 (3): 535 - 546.

PRICE J C. 1992. Estimating vegetation amount from visible and near infrared reflectances[J]. Remote Sensing of Environment, 41: 29 - 34.

PRICE J C. 1992. Variability of high resolution crop reflectance data[J]. International Journal of Remote Sensing of Environment, 14: 2593 - 2610.

PRICE J C. 1993. Estimating leaf area index from satellite data[J]. IEEE Transactions on Geoscience and Remote Sensing. 31: 727 – 734.

PRICE J C. 1994. How unique are spectral signatures[J]. Remote Sensing of Environment, 49: 181 – 186.

PRICE J C. 1995. Examples of high resolution visible to near – infrared reflectance spectra and a standardize collection for remote sensing studies[J]. International Journal of Remote Sensing, 16: 993 – 1000.

PRICE J C, BAUSCH W C. 1995. Leaf area index estimation from visible and near infrared reflectance data[J]. Remote Sensing of Environment, 52: 55 – 65.

QIU J, GAO W, LESHT B M. 1998. Inverting optical reflectance to estimate surface properties of vegetation canopies[J]. International journal of Remote Sensing, 19: 641 – 656.

RAILYAN V Y. 1993. Red edge structure of canopy reflectance spectra of triticale[J]. Remote Sens. Enviorn. , 46 (2): 173 – 182.

RAYMOND F KOKALY. 2001. Investigating a physical basis for spectroscopic estimates of leaf nitrogen concentration[J]. Remote Sens. Environ. , 75: 153 – 161.

RAYMOND F KOKALY, ROGER N CLARK. 1999. spectroscopic determination of leaf biochemistry using band – depth analysis of absorption features and stepwise multiple linear regression[J]. Remote Sens. Environ. , 67: 267 – 287.

ROGER N CLARK, TED L ROUSH. 1984. Reflectance

spectroscopy: quantitative analysis techniques for remote sensing applications[J]. Journal of geophysical research, 89(B7): 6329 - 6340.

SCHOWENGERDT R A. 1997. Remote sensing odels and methods for image processing [M]. 2nd Edition. New York: Academic Press.

SELLERS P J. 1985. Canopy reflectance, photosynthesis and transpiration[J]. Remote Sensing of Environment, 21: 143 - 183.

SELLTERS P J. 1987. Canopy reflectance, photosynthesis and transpiration Ⅱ. The role of biophysics in the linearity of their independence[J]. International Journal of Remote Sensing, 6: 1335 - 1372.

SERRANO L, FILELLA I , PEUELAS J. 2000. Remote sensing of biomass and yield of winter wheat under different nitrogen supplies[J]. Corp Sci. , 40(3): 723 - 730.

SHIBAYAMA M, AKIYAMA T. 1989. Seasonal visible, near - infrared and mid - infrared spectra of rice canopies in relation to LAI and above - ground dry phytomass[J]. Remote Sens. Environ. , 27: 119 - 127.

SHIBAYAMA M, AKIYAMA T. 1991. Estimating grain yield of maturing rice canopies using high spectral resolution reflectance measurements[J]. Remote Sens. Environ. , 36: 45 - 53.

SHIBAYAMA M, TAKAHASHI W, MORINAGA S, et al. 1993. Canopy Water Deficit Detection in Paddy Rice

Using a High Resolution Field Spectroradiometer [J]. Remote Sens. Environ. , 45 : 117 - 126.

TAKEBE M, YONEYAMA T, INADA K, et al. 1990. Spectral reflectance ratio of rice canopy for estimating crop nitrogen status[J]. Plant Soil, 122: 295 - 297.

TSAI F, PHILPOT W. 1998. Derivative analysis of hyperspectral data[J]. Remote Sens. Environ. , 66: 41 - 51.

VAESEN K, GILLIAMS S, NACHAERTS K, et al. 2001. Ground - measured spectral signatures as indicators of ground cover and leaf area index: the case of paddy rice [J]. Field Crops Research, 69: 13 - 25.

WANG RENCHAO, WANG KE, SHEN ZHANGQUAN. 1998. Feasibility of field evaluation of rice nitrogen status from reflectance spectra of canopy[J]. Pedosphere, 8(2): 121 - 126.

WESSMAN C A, ABER J D, PETERSON D L, et al. 1988. Foliar analysis using near infrared reflectance spectroscopy[J]. Can. J. Forest. Res. , 18: 6 - 11.

WESSMAN C A, ABER J D, PETERSON D L, et al. 1988. Remote sensing of canopy chemistry and nitrogen cycling in temperate forest ecosystems [J], Nature, 335: 154 - 156.

YANG C M, SU M R. 1999. Modeling rice growth from characteristics of Reflectance spectra [A]. GISdevelopment, ACRS, Poster 1.

YANG H, ZHANG J, VAN DER MEER F, et al. 1999.

Spectral characteristics of wheat associated with hydrocarbon microseepages[J]. International Journal of Remote Sensing, 20: 807 - 813.

YANG H, ZHANG J, VAN DER MEER F, et al. 2000. Imaging spectrometry data correlated to hydrocarbon. Imaging spectrometry data correlated to hydrocarbon[J]. International Journal of Remote Sensing, 21(1): 197 - 202.

ZAGOLSKI F, PINEL V, ROMIER J, et al. 1996. Forest chemistry with high spectral resolution remote sensing[J]. International Journal of Remote Sensing, 17: 1107 - 1128.

ZHANG J H. 2010. Potential of continuum removed reflectance spectral features estimating nitrogen nutrition in rice canopy level, Hyperspectral Image and Signal Processing: Evolution in Remote Sensing (WHISPERS) [M]. 2nd Workshop on: 1 - 4.

ZHOU Q F, SHEN Z Q, WANG R C. 2002. Fourier transform infrared spectral difference of leaf tips in rice related to nitrogen fertilizer rates[J]. Acta Botanica Sinica. , 44 (5): 547 - 550.

图书在版编目（CIP）数据

高光谱技术在水稻氮素营养诊断中的应用研究／张金恒，唐延林著．—北京：中国农业出版社，2012.9
ISBN 978-7-109-17162-6

Ⅰ.①高⋯　Ⅱ.①张⋯②唐⋯　Ⅲ.①光谱分辨率-光学遥感-应用-水稻-氮素营养-营养诊断-研究
Ⅳ.①S511.06-39

中国版本图书馆 CIP 数据核字（2012）第 214631 号

中国农业出版社出版
（北京市朝阳区农展馆北路 2 号）
（邮政编码 100125）
策划编辑　黄　宇
文字编辑　郭　科

中国农业出版社印刷厂印刷　新华书店北京发行所发行
2012 年 9 月第 1 版　2012 年 9 月北京第 1 次印刷

开本：850mm×1168mm　1/32　印张：5.25　插页：2
字数：106 千字　印数：1～1 000 册
定价：40.00 元
（凡本版图书出现印刷、装订错误，请向出版社发行部调换）

朝向太阳面

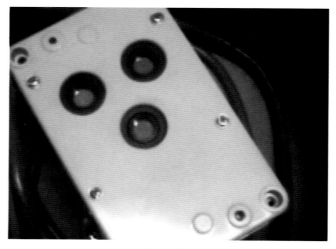

朝向冠层面

图1 基于冠层的水稻氮素营养便携式诊断仪器(RERI指数仪)

图2 AvaSpec—2048FT—SPU 光谱仪

图3 AvaField—1型高光谱地物波谱仪

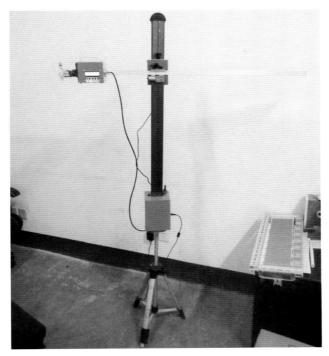

图4　野外地物光谱测量可控系统装置产品

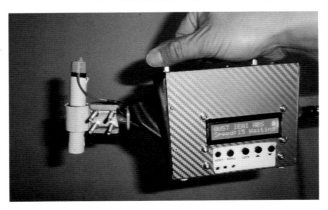

图5　野外地物光谱测量可控系统装置产品